火灾动力学数值模拟

——FDS/PyroSim软件原理与应用

主　编◎齐　圣　张培理　梁建军

参　编◎刘　冲　王　冬　段纪淼

重庆大学出版社

内容提要

全书共7章,内容包括绪论、数值模拟涉及的火灾科学基础理论、火灾模拟的数学模型、FDS火灾数值模拟软件包、使用PyroSim构建FDS模型、模拟结果的输出与后处理、基于火灾动力学的消防性能化设计与评估。本书梳理了火灾模拟所需要的基础知识与基本理论,探讨了典型火灾动力学模拟软件FDS与PyroSim的使用方法,以期让不同程度的读者都能容易地阅读并掌握火灾动力学数值模拟所需要的专业基础知识与实操技巧。

本书可供广大消防安全领域工程技术人员参考,也可作为高等院校消防工程、安全工程及相关专业的教材。

图书在版编目(CIP)数据

火灾动力学数值模拟 : FDS/PyroSim 软件原理与应用/
齐圣,张培理,梁建军主编. -- 重庆:重庆大学出版社,
2024.2

ISBN 978-7-5689-4303-1

Ⅰ.①火… Ⅱ.①齐…②张…③梁… Ⅲ.①火灾—
数值模拟—应用软件 Ⅳ.①X928.7-39

中国国家版本馆 CIP 数据核字(2024)第 017478 号

火灾动力学数值模拟——FDS/PyroSim 软件原理与应用

HUOZAI DONGLI XUE SHUZHI MONI——FDS/PyroSim RUANJIAN YUANLI YU YINGYONG

主编 齐 圣 张培理 梁建军
参编 刘 冲 王 冬 段纪淼
责任编辑:范 琪 版式设计:范 琪
责任校对:刘志刚 责任印制:张 策

*

重庆大学出版社出版发行
出版人:陈晓阳
社址:重庆市沙坪坝区大学城西路 21 号
邮编:401331
电话:(023) 88617190 88617185(中小学)
传真:(023) 88617186 88617166
网址:http://www.cqup.com.cn
邮箱:fxk@cqup.com.cn(营销中心)
全国新华书店经销
重庆市国丰印务有限责任公司印刷

*

开本:787mm×1092mm 1/16 印张:13.25 字数:277 千
2024 年 2 月第 1 版 2024 年 2 月第 1 次印刷
印数:1—1 000
ISBN 978-7-5689-4303-1 定价:58.00 元

前　言

　　火灾是威胁公众安全和社会发展的主要灾害之一,其发生和发展的过程涉及烟气流动、传热、化学反应等因素及其相互作用的复杂过程。在实际火灾案例中,环境条件、可燃物分布、消防设施设备、人员应急疏散等因素相互影响,使火灾安全防护工作变得更加复杂。近年来,科研和工程技术人员、安全管理部门、安全工程设计和市政消防机构等都不断地进行着火灾安全的研究和探索。

　　随着科学技术的不断进步,对火灾过程建立计算流体动力学(CFD)模型,通过定量计算详细刻画火灾发展蔓延中的各种物理化学变化,逐渐成为认识火灾的重要手段之一。以美国国家标准与技术研究院(NIST)发布的 FDS(Fire Dynamics Simulator)软件为例,该软件不仅可计算出特定火灾场景下任意时刻和空间位置的气体组分、烟气密度、温度、压力、速度、可见度等,还可计算自动喷水灭火系统、防排烟系统等对火灾的影响,其结果经过大量实验验证,具有较高的准确性。事实上,当前无论是火灾科学基础研究,还是消防安全评估、性能化设计等都在逐步运用火灾动力学数值模拟获取所需的数据。

　　然而,到目前为止,国内探讨火灾动力学数值模拟的专用参考书籍十分稀缺。一方面,现有关于火灾科学的书籍大多关注火灾发生和蔓延的基础理论,对数值模拟不做介绍或只做简要介绍;另一方面,计算流体动力学方面的书籍又侧重于关注通用的流体数值模拟,虽与火灾数值模拟的部分内容有所交叉,但并不具有针对性和系统性。美国 NIST 发布的 FDS 帮助文档全文近一千页,且全部用英文写成,既不符合国内从业人员的阅读习惯,也不完全切合国内相关的标准规范。技术资料的匮乏使国内火灾相关的研究、设计、评估等工作要么依赖于少量成本高昂的实验数据,要么更多侧重于定性分析,在数值模拟的利用方面有明显的不足和很大的提升空间。

　　本书就是在这样的背景下编写的。作者力求用通俗的语言梳理火灾模拟所需要的基础知识与基本理论,探讨典型火灾动力学模拟软件 FDS 与 PyroSim 的使用方法,以期让不同程度的读者都能容易地阅读并掌握火灾动力学数值模拟所需的专业基础知识与实操技巧。

　　全书共 7 章。第 1 章绪论。第 2 章介绍火灾动力学数值模拟涉及的基本概念和理论。尽管其中大多数的概念可能在其他相关学科(如传热学、燃烧学、火灾学、流体力学等)的资料中有所提及,但本书作者从数值模拟的角度出发对其逐一进行了梳理。如果读者系统地阅读过相关的书籍或资料,则可略读或跳过此章。第 3 章介绍火灾动力学模拟的数学模型,也是实现 FDS 软件所采用的数学方法。其内容既包括针对火灾场景进行优化的计算流体力学控制方程、燃烧模型、火灾湍流的大涡模拟方法，也包括针对常见消防设备构建的数值计算模型。该章内容包含大量的理论与数学公式，对偏向于从应用角度了解火灾数值模拟的读者可仅作选择性了解。第 4 章介绍火灾动力学模拟软件 FDS 的使用，主要是 FDS 输入文件的编制方法。作者从 FDS 的工作流程、输入文件的基本格式出发，选择了最为常用的部分命令进行了介绍。读者在了解这些命令以后，足以顺利地运用其大部分功能完成常见火灾场景的模拟。对准备使用建模工具辅助构建 FDS 输入文件的读者，仍然建议了解本章内容，但无须追究具体命令的语法细节。第 5 章介绍 PyroSim 建模工具的使用方法。鉴于 PyroSim 图形化的操作界面更符合大多数用户的操作习惯，特别是在所见即所得的建模上具有独特的优势，作者建议所有优先考虑工作效率的读者使用这一工具。因此，本章内容更偏向于应用与软件操作的介绍。不计划使用 PyroSim 工具的读者可忽略本章。第 6 章介绍火灾数值模拟结果的后处理。章节内容包括后处理中涉及的物理量，模拟结果与火灾安全工程的结合，以及 FDS 配套后处理软件 Somkeview 的基本使用方式。第 7 章结合消防性能化设计与评估实际应用，对火灾动力学数值模拟的场景选择与实施流程进行了简要介绍。

本书主要关注基于计算流体动力学（CFD）的火灾模拟。在其他一些火灾学书籍中，这种方法常被称为"场模拟"，然而，本书大多数内容与 FDS 软件密不可分，因此取名为"火灾动力学数值模拟"。通常认为，"火灾模拟"这一概念还包含了区域模拟、网格模拟、混合模拟等不同方法，由于不同方法间的基本思路相去甚远，本书中未展开阐述。

事实上，仅就"火灾动力学数值模拟"而言，本书的片面之处也十分明显。无论是数学模型还是软件使用方面的介绍，本书都是以 FDS 软件为线索展开的。尽管目前 FDS 在火灾数值模拟领域具有突出的代表性，但其他类似软件（如 SmartFire 等）也在一定范围内有所应用。同时，采用通用 CFD 计算程序（如 FLUENT，STAR-CD 等）进行火灾流场的仿真计算，无论在理论上还是实践中都是完全可行的。

在实际应用中，针对火灾流场本身的模拟和针对人员紧急疏散模拟的模型常常是同步进行的。虽然作者并不认为后者严格属于书名的范畴，但从帮助读者而非咬文嚼字的角度出发，作者很希望能将其纳入书中。然而，鉴于作者水平有限，数易其稿，仍无法拿出满意的版本。

在编写本书的过程中，理论性和实用性的平衡是作者反复斟酌的难题之一。作者既不想（实际上也没有能力）创作一本纯粹探讨火灾模拟原理的学术性著作，也不想仅仅提供一份"手把手"的软件操作说明。火灾动力学数值模拟是一个有广阔应用前景的新兴领域，作为一本专门针对该主题而撰写的中文图书，作者诚挚地希望每一位对这一新领域感兴趣的读者朋友，都能通过阅读本书获得一些有价值的信息与灵感。

除本书外，在火灾模拟、FDS/PyroSim 软件应用方面另有两本宝贵的著作值得推荐，一本是吕淑然老师、杨凯老师编著的《火灾与逃生模拟仿真——PyroSim+Pathfinder 中文教程与工程应用》，另一本是李胜利老师、李孝斌老师编著的《FDS 火灾数值模拟》。

书中难免有疏漏和不足之处，恳请各位读者朋友批评指正。作者电子邮件地址为 qscups@163.com。

作者希望本书尽可能全面地覆盖火灾数值模拟所涉及的各个方面，但该领域涉及的交叉信息浩如烟海，且在许多具体方面也已有成熟的参考资料，将这些内容完全包含在本书中并不可能也无必要。尽管如此，为了不使读者因此遗漏了可能的重要信息，作者在此对这些相关参考资料一并整理并做简单说明：

● 对需要手动编写 FDS 输入文件的读者，建议参考与所用 FDS 版本相对应的 *FDS User's Guide*，该手册包含了对所有 FDS 命令的详细说明。该手册的 PDF 版本可在 FDS 安装目录的"\Documentation\Guides_and_Release_Notes\"文件夹中找到。

● 对需要了解 FDS 程序编写基础理论的读者，NIST 提供了 *Technical Reference Guide*。在 FDS 6 中，该手册分为 4 个部分，为别称"Mathematical Model""Verification""Validation""Configuration Management"，详细介绍了 FDS 的数学模型、模型的证明与实验验证、软件配置管理计划等。4 个部分对应的 PDF 文件同样位于安装目录的"\Documentation\Guides_and_Release_Notes\"文件夹中。

● 如果上述文档仍然不能满足读者了解数学模型的需求，不妨参考计算流体动力学的相关书籍。FDS 本质上仍然是一个计算流体力学（CFD）软件包。

● 后处理程序 Smokeview 同样有对应的 *User's Guide*，*Technical Reference Guide* 和 *Verification Guide*，位于相同的文件夹中。

● 需要进行二次开发或对代码感兴趣的读者可在 https://github.com/firemodels/找到 FDS 的全套源码。

● 读者在进行数值模拟的过程中，很可能需要查询材料的热物性、燃烧特性、反应的相关参数、一氧化碳与烟气的生成率等参数，对具体的成分或反应，往往可通过检索相关的学术论文、报告等来获取数据。同时，美国消防工程师协会（SFPE）发布的 *Handbook of Fire Protection Engineering* 囊括了大量的火灾燃烧相关资料，是目前信息量最大、最权威的数据来源之一，读者可将之作为优先检索的对象。

编　者

2023 年 9 月

目　录

第 1 章　绪　论

对火灾进行数值模拟，首先应对实际火灾的特征和发生发展规律有基本的认识。即使是最简单的火灾场景，也需要进行合理的简化、假设，才能通过数值模型进行求解。因此，本章首先解释火灾及火灾数值模拟的概念，分析数值模拟的应用场景和基本流程，进而对模拟中可能涉及的火灾科学和消防工程理论知识进行简要的梳理。鉴于火灾数值模拟涉及流体流动、传热、化学反应、组分输运、数值计算等学科交叉，本章内容只是非常粗略地概括。对特定领域的内容，读者需要辅助其他参考资料进行深入钻研。

1.1　火灾动力学数值模拟的概念

火灾是指在空间或时间上失去控制的燃烧所造成的灾害。动力学（Dynamics）是物理学中力学的分支，研究物体运动的各物理因素（如力、质量、动量及能量）之间的关系。火灾动力学（Fire Dynamics）是研究火灾的发生、发展这一具有运动特征的过程中各物理、化学因素之间关系的科学。

数值模拟又称数值分析，是用计算机程序来求解数学模型的近似解，从而对工程实际问题进行分析研究的方法。本书中所指的数值模拟，是一种基于计算流体动力学（Computational Fluid Dynamics）的数值模拟。具体对于火灾而言，就是根据物理和化学的基本定律以及一些合理的假设，构造描述火灾现象和过程的数学模型，通过数值计算的方法定量地算出火灾发生及发展过程。

其他一些火灾学书籍中，火灾动力学数值模拟常被称为"场模拟"。本书未采用这一称呼，一方面是由于"动力学数值模拟"的提法能更准确地描述这种基于计算流体动力学的流场模拟的本质；另一方面，本书的大多数内容与火灾模拟软件 FDS 相关，作者希望本书的名称与该软件的英文名称相呼应。

火灾动力学数值模拟（Fire Dynamics Simulation）属于计算流体动力学的一个典型应用领域。火灾模拟中对流场温度、组分、烟气流动、水雾喷淋等的数值计算，均来自计算流体动力学中通用的数学模型与求解方法。同时，火灾动力学数值模拟又有其自身的特殊性和系统性。因此，有必要单独提出并进行讨论。一方面，针对火灾工况所进行的初边值条件与控制方程的假设有别于一般的流体力学计算,所构建的数学模型仅适用于火灾或类似火灾的(如热空气流动)场景等;另一方面,针对消防设备设施及其对火灾流场的影响进行的计算,超出了通常计算流力学的范围。

火灾动力学数值模拟依赖于相应计算机程序的编写或成品软件包的使用。通用计算流体力学软件,如 PHOENICS、FLUENT、CFX、STAR-CD 等,都具有非常友好的用户界面形式和方便的前后处理系统。专门用于火灾数值模拟的专用软件有瑞典隆德大学的 SOFIE、美国 NIST 开发的 FDS 和英国的 JASMINE 等。它们的特点是基于 CFD 原理并针对火灾工况进行了优化。其中,尤以 FDS 软件应用最为广泛,技术最为成熟。目前,FDS 软件的发展很大程度上代表着火灾数值模拟的进展。

1.2 火灾数值模拟的应用

1.2.1 在消防基础研究中的应用

目前,数值模拟用于消防基础研究主要体现在以下方面:

1)研究火灾的发展机理

利用合理的模型研究火灾发生、发展规律、火灾中期蔓延规律、温度场分布规律、轰然发生机理及回燃发生机理等。

2)研究灭火系统的性能

研究灭火系统的性能如研究自动喷水系统、细水雾系统的灭火性能,探索不同热敏性能的喷头的启动特性,以及喷头布置对灭火性能的影响等。目前,FDS 和 PHOENICS 等软件包都有专用的喷淋模型。

3)研究火灾探测系统的性能

研究火灾探测系统的性能,即分析建筑中火灾探测系统传感器布置对火灾响应时间的影响。目前,这方面 FDS 应用较多,可模拟感烟、感温探测器的启动和探测性能。

4)研究防排烟系统的性能

研究建筑中防排烟系统的最佳送排风量、排烟口、送风口的最佳布置方式以及防排烟系统的最佳启动时间等。

5)研究消防产品的性能

通过分析消防产品中的流场特性,对消防产品进行优化。例如,分析消防泵内部流场来优化消防泵叶片的设计。

6）研究结构对火的反应

结合结构分析软件，可分析钢结构、混凝土结构等在火灾作用下的应力和应变等。结构分析软件分析结构应力应变需要已知温度作为边界条件输入软件中，而该温度由 CFD 软件作为模拟结果进行输出，这样综合应用以上两种分析软件即可完成结构的热响应计算。目前，已有学者将两类软件进行集成，大大方便了使用。

7）实验开始前的预测

在实验开始前，使用数值模拟预先分析即将进行的火灾实验，可预知实验中可能出现的火灾现象以及实验参数大致的设计范围，大大提高实验效率及实验成功率，同时节省相应的实验开支。

1.2.2　在建筑物消防性能化设计中的应用

随着社会经济的发展，新材料、新建筑技术的使用，各种设计新颖、建造独特的超大建筑不断出现，给消防设计带来了诸多挑战。现行的"处方式"防火规范在进行这些超大建筑消防设计审核的过程中，显得越来越力不从心。在这样的背景下，基于消防安全工程学原理的性能化设计方法开始被逐步应用于大型建筑。目前，这种针对结构和功能较为复杂的新型、大型建筑使用性能化火灾控制方法已成为一种发展趋势。性能化消防设计基于消防安全工程学原理，根据建筑物的布局、结构、用途，综合分析建筑内部火灾载荷分布，建筑物内人员分布特点，消防安全管理水平，以及消防灭火疏散组织特点，自由选择可达到消防安全目标的消防安全措施，并将这些消防安全措施进行有效整合，从而得到建筑的整体消防设计方案，然后采用已开发的工程学方法对建筑的火灾安全进行风险评估，对设计方案进行不断优化，最终得到最优化的消防设计方案。

在进行消防安全评估的过程中，需要对评估对象的火灾危险性进行估计，其中重要的一步就是对特定火灾场景发生时产生的危害进行估计。通过火灾数值模拟，可对评估对象的典型火灾场景进行计算和观察，得到高温烟气流动的特征、消防设备设施的效果、人员可用疏散时间等信息，从而为火灾危险性的判断提供参考依据。

1.2.3　在火灾事故调查分析中的应用

对已发生的火灾事故，人们希望能尽可能地还原事故发生的始末，从而吸取教训，并避免类似事故的发生。目前，火灾事故的调查多处于经验、半经验的水平，还不能使用数学方法和手段对火灾案件进行分析。虽然实体实验可直接获取有效、可靠的数据，但其周期长、成本高，难以满足实际需要。与实验相比，数值模拟方法具有成本低、灵活度高的优势。研究表明，在合理选择模型、合理设置边界条件、合理选择求解方法的前提下，数值模拟技术可很好地重现火灾现场的火灾发展场景。采用数值模拟技术可分析不同工况下建筑火灾的发展,分析不同参数变化对模拟结果的影响,从而确定和排除火灾原因。

除了上述列举的应用场景,火灾数值模拟还有望提升消防指挥决策的科学性。将火灾模拟技术与消防应急指挥结合起来,运用 GIS 技术建立火灾动态模拟分析与消防应急指挥系统的信息化可视化平台,通过对火场的模拟分析为消防决策指挥提供可靠的数据,能帮助消防救援人员优化灭火、疏散、救援方案,从而提高消防指挥决策水平和整体作战能力。

1.3　火灾数值模拟基本流程

前文谈到,火灾动力学数值模拟方法,本质上是一种计算流体动力学方法。其基本流程与计算流体力学问题的求解流程一致,主要包括数学模型的建立、前处理、模型求解、后处理等步骤。具体而言,其基本流程包括以下内容:

1)构建数学模型

具体而言,就是要建立反映火灾问题各个量之间关系的微分方程以及相应的定解条件。通常包括火灾气流流动的质量守恒方程、动量守恒方程、能量守恒方程,以及与燃烧反应、固态传热、消防设备设施等相关的一系列模型。数学模型的求解需要适当的数值方法,包括数值方程的离散、迭代算法等。

数学模型的构建需要对实际问题有较深刻的认识,对主要的控制因素、初边值条件等进行合理的简化假设。例如,对常见的敞开建筑物室内火灾,宜采用非稳态、低马赫数的守恒方程,气体可假定为理想气体,地板的热吸收通常可以忽略。模型构建完毕后,需要编制计算机程序进行求解。多数情况下,可采用已有的软件包完成数学模型的求解计算,软件的使用者不需要手动编写计算程序,只需在软件中进行合理的设置即可。

2)构建几何建模

构建几何建模即对模拟区域的几何形状进行定义和构建,如发生火灾的建筑物的大小、形状、门窗等。创建几何模型是进行计算流体模拟分析的基础,良好的几何模型既可准确地反映所研究的物理对象,又能方便地进行下一步网格划分工作。目前,创建几何模型的方法主要有两种:一是通过网格生成软件直接创建模型;二是采用三维 CAD 软件进行几何构建。通过这种方法创建模型较为方便,能生成复杂的几何模型。但是,对一些由设计人员绘制的三维模型,不可避免地存在一些曲面不封闭、存在多余断线等问题。因此,在导入网格软件后必要时需要进行简化和修复。下文重点介绍的 FDS 软件需要用户通过输入文件构建几何模型,PyroSim 软件具有可视化的几何建模界面,可帮助用户高效地建立适用于 FDS 计算的几何模型,同时支持从 CAD 文件导入模型。

3）网格划分

计算流体力学的核心思想就是将连续的物理方程模型,在空间和时间上进行离散化,通过数值迭代计算得到满足精度要求的"近似解"。数值计算的效率与准确性很大程度上取决于所生成的网格。从总体上来说,CFD 计算中采用的网格可大致分为结构化网格和非结构化网格两大类。

结构化网格是指网格区域内所有的内部点都具有相同的毗邻单元。结构化网格的生成速度快、网格均一、数据结构简单等,同时结构化网格对曲面或空间的拟合大多数采用参数化或样条插值的方法得到,区域光滑,与实际的模型更容易接近,可很容易地实现区域的边界拟合,适于流体和表面应力集中等方面的计算。结构化网格最典型的缺点是适用的范围较窄,对复杂区域的适应性较差。非结构化网格是指网格区域内的内部点不具有相同的毗邻单元,即与网格剖分区域内的不同内点相连的网格数目不同。从定义上可以看出,结构化网格和非结构化网格有相互重叠的部分,即非结构化网格中可能会包含结构化网格的部分。非结构化网格技术的发展主要是弥补结构化网格不能解决任意形状和任意连通区域的网格剖分的不足,随着求解区域复杂性的不断提高,人们对非结构化网格生成技术的要求越来越高。

在许多其他计算流体力学领域的工作中,大约有 2/3 的时间是花费在网格划分上的,可以说网格划分能力的高低是决定工作效率的主要因素之一。对于火灾模拟而言,由于所关注的对象大多为建筑物,具有比较方正的几何外形,特征尺度大多处于 1 m 数量级,因此,网格的划分通常并不复杂。此问题的详细阐述将在下文进行展开。

4）模型参数设置

在对计算区域进行了网格划分之后,还需对流体特性进行设置。需要设定的物质参数有密度、分子量、黏度、比热容、导热系数、质量扩散系数、标准状态焓等。这些参数取决于所构建的数学模型,如混合物质只有在采用组分运输方程后才会涉及,以及惰性颗粒、液滴和燃烧颗粒在引入离散相模型之后才会出现等。一些较成熟的软件会内含一些常见物质的属性,但用户也经常需要自行设置许多参数。在进行火灾模拟的过程中,火灾热释放速率、化学反应参数、材料的热物性等都是经常需要特别关注的参数。

模型的设置还包括初始条件与边界条件的设置。在开始进行计算前,必须为流场设定一个初始值,即给定初始条件。设定初始值的过程称为"初始化"。对于火灾模拟而言,初始条件通常选择为火灾发生前的流场条件。边界条件就是流场变量在计算边界上应满足的数学物理条件。边界条件与初始条件一起被称为定解条件,只有在边界条件和初始条件确定后,流场的解才存在,并且是唯一的。

5）模型计算

在完成了各项设定后，原则上就可开始计算求解了。求解模型时，需要关注求解的总时间、时间步长等条件。如果计算出错或结果经判断不够准确，则需要重新调整模型或对参数设置反复进行计算。

6）后处理

后处理的过程是从流场中提取出流场特性（如烟气分布、温度分布等）的过程。将求解得到的流场特性与理论分析、计算或试验研究得到的结果进行比较，验证计算结果的可靠性。后处理可生成云图、矢量图、剖面图以及各物理量随时间变化的曲线等。

1.4　其他火灾模拟方法

除本书所探讨的火灾动力学数值模拟（场模拟）以外，火灾的模拟也可采用其他很多方式。广义地讲，火灾模型大致可分为不确定性模型和确定性模型两大类。不确定性模型把火灾看成一系列连续出现的状态（或事件），通过分析由一种状态转变到另一种状态的概率，可得到出现某种结果状态的概率分布。不确定性模型主要包括统计模型和随机模型。这种模型是高度抽象和概括的，并不详细刻画火灾的物理化学过程。

出于定量分析和计算的需要，火灾过程的确定性模型适用范围更广。本书所讲的火灾动力学数值模拟即一种确定性模型。除此以外，根据所模拟的现象、研究层次和方法的不同，确定性模型还包括以下类型：

1）专家系统

其主要思想是将实验研究的一些经验性模型或将一些经过简化处理的半经验模型加上重要的热物性数据编制成软件，以供一些从事消防事业的非研究人员使用。其特点是操作简单、速度快。但专家系统往往只针对火灾过程的某一局部问题，是对火灾过程的浅层次的经验模拟。常用的专家系统有美国国家标准与技术研究院（National Institute of Standards and Technology，NIST）开发的 FPETOOL 模型和丹麦火灾研究所编制的 ARGOS 模型。

2）区域模拟

20 世纪 70 年代，美国哈佛大学的 Emmons 教授提出了区域模拟思想，把所研究的受限空间划分为不同的区域，并假设每个区域内的状态参数是均匀一致的，而质量、能量的交换只发生在区域与区域之间、区域与边界之间以及它们与火源之间。从这一思想出发，根据质量、能量守恒原理可推导出一组常微分方程；而区域、边界及火源之间的质量、能量交换，则是通过方程中出现的各个源项体现出来。目前，世界各国建立了许多室内火灾区域模拟的模型,以 CFAST, ASET, BR12, CCFM-VENTS, COMPBRN, HAVARD MARD4,以及中国科学技术大学的 FAC3 等为典型代表。区域模拟是一种半物理模拟,在一定程度上兼顾了计算机模拟的可靠性和经济性,在消防工程界具有广泛的应用。但是,区域模拟忽略了区域内部的运动过程,不能反映湍流等输运过程以及参数的变化,只抓住了火灾的宏观特征,因而是相当近似和粗糙的。常见区域模拟模型见表1.1。

表 1.1 常见区域模拟模型

模型名称	开发机构	适用及特点
ASET	NIST(U.S.)	单室
FIRST	NIST(U.S.)	单室,多个燃烧体
BR12	日本建筑研究所 (Building Research Institute, Japan)	多室,机械通风
CCFM-VENTS	NIST(U.S.)	多室,多层
FAST/CFAST	NIST(U.S.)	可适用超过 30 个房间、30 通风管道、5 个风机的模型计算

3)网络模拟

网络模拟把每一个受限空间视为一个单元体,假设每个单元体内部的参数(如温度、组分浓度等)是均匀的,火灾过程的发展表现为构成整个模拟空间的各单位内部参数的变化,从而将这些内部空间划分为相互连接的网络节点。模型在分析各节点之间的质量、能量守恒基础上,构建出各网络节点状态变化的控制方程,然后求解出节点状态随时间的变化。通常用节点温度、烟气浓度与时间的特性函数来描述火情。网络模拟的输入数据为气象数据、建筑特性、火源特性及室内特性等。网络模拟主要应用于受限空间数目较多、边界条件复杂(如高层建筑、井巷网络)的火灾研究。由于假设了烟气与空气的流动特性相似,空气与烟气混合均匀,因此,网络模拟只适用于远离火场的区域。

4)复合模拟

根据具体的研究对象,将场模拟、区域模拟和网络模拟中的两种(场区模拟)或两种以上(场区网模型)的模型结合起来使用,可在节约计算资源的情况下,对一个相对较大和较复杂的场所或建筑的火灾场景进行准确的计算、模拟和分析。目前,混合模拟已成功用于高层建筑火灾、矿井火灾、隧道火灾等场合。例如,对一座建筑,采用场模型对起火房间中的火灾发展过程进行模拟,采用区域模型对与起火房间相邻的走廊及邻近房间的火灾烟气状态进行模拟,而采用网络模型对远离起火房间的建筑物内部空间的火灾蔓延及烟气扩散状态进行分析。

第2章 数值模拟涉及的火灾科学基础理论

火灾科学以及与火灾相关的燃烧学、传热学、流体力学等知识是数值模拟的基础,本章将对火灾数值模拟相关的基础理论进行简要梳理,以方便读者回顾和查阅。

2.1 火灾中的可燃物

火灾的本质是一种燃烧现象,对火灾的模拟,实质上就是对燃烧过程发生与发展的模拟。燃烧在同时具有可燃物、氧化剂和点火源3个基本条件时才能发生。在火灾研究中,上述3个基本条件通常称为火灾三要素。对于大多数的火灾而言,氧化剂即空气中的氧。工业生产中的原材料、产品、包装材料,民用建筑中的商品、家具、生活办公用品,以及组成建筑物的建筑材料和装修材料等均可能是可燃性物质。这些物质因意外原因发生着火,并进一步引燃周围的可燃物,即形成了火灾。

具有一定的可燃元素,可燃物才能燃烧。常见的可燃性元素有碳(C)、氢(H)、硫(S)、氮(N)等。此外,许多金属元素也容易燃烧,如锂(Li)、钠(Na)、铍(Be)。对于火灾中的可燃物而言,除关心上述元素的燃烧外,有时还需要关心其他元素的含量,特别是如氯(Cl)、氟(F)等,它们在火灾燃烧过程中会产生毒性物质或腐蚀性物质。

了解这些元素及由其构成的各类可燃化合物的燃烧特性,是为了定量计算燃烧过程的物质和能量转换规律。有些元素的燃烧反应可生成完全燃烧物,也可生成不完全燃烧产物。火灾过程非常容易产生不完全燃烧产物,如火灾中往往因局部氧气不足,碳元素氧化会产生大量一氧化碳(CO),这是典型的有害气体。

可燃物的种类可分为气态、液态和固态3种相态。实际中的可燃物都是多种元素混合的复杂化合物。可燃气体相比于可燃液体和可燃固体更容易燃烧,这主要是因它能和空气充分混合。一般而言,可燃液体和可燃固体都要先通过预热达到一定温度后变成可燃气体,再与空气中的氧气混合后才能燃烧。

在工业建筑火灾方面,国家标准根据生产中使用或产生的物质性质及其数量等因素,将生产的火灾危险性分为甲、乙、丙、丁、戊5个类别。同样,储存物品的火灾危险性根据储存物品的性质和储存物品中的可燃物数量等因素,也分为甲、乙、丙、丁、戊类。这些分类定性地给出了常见工业产品的火灾危险性大小,见表2.1。

表 2.1　工业场所的火灾危险性

甲类厂房	1. 闪点小于 28 ℃ 的液体 2. 爆炸下限小于 10% 的气体 3. 常温下能自行分解或在空气中氧化能导致迅速自燃或爆炸的物质 4. 常温下受到水或空气中水蒸气的作用,能产生可燃气体并引起燃烧或爆炸的物质 5. 遇酸、受热、撞击、摩擦、催化以及遇有机物或硫黄等易燃的无机物,极易引起燃烧或爆炸的强氧化剂 6. 受撞击、摩擦或与氧化剂、有机物接触时能引起燃烧或爆炸的物质 7. 在密闭设备内操作温度大于等于物质本身自燃点的生产
乙类厂房	1. 闪点大于等于 28 ℃,但小于 60 ℃ 的液体 2. 爆炸下限大于等于 10% 的气体 3. 不属于甲类的氧化剂 4. 不属于甲类的化学易燃危险固体 5. 助燃气体 6. 能与空气形成爆炸性混合物的悬浮状态的粉尘、纤维、闪点大于等于 60 ℃ 的液体雾滴
丙类厂房	1. 闪点大于等于 60 ℃ 的液体 2. 可燃固体
丁类厂房	1. 对不燃烧物质进行加工,并在高温或熔化状态下经常产生强辐射热、火花或火焰的生产 2. 利用气体、液体、固体作为燃料或将气体、液体进行燃烧作其他用的各种生产 3. 常温下使用或加工难燃烧物质的生产
戊类厂房	1. 常温下使用或加工不燃烧物质的生产 2. 储存物品的火灾危险性
甲类仓库	1. 闪点小于 28 ℃ 的液体 2. 爆炸下限小于 10% 的气体,以及受到水或空气中水蒸气的作用,能产生爆炸下限小于 10% 气体固体物质 3. 常温下能自行分解或在空气中氧化能导致迅速自燃或爆炸的物质 4. 常温下受到水或空气中水蒸气的作用,能产生可燃气体并引起燃烧或爆炸的物质 5. 遇酸、受热、撞击、摩擦以及遇有机物或硫黄等易燃的无机物,极易引起燃烧或爆炸的强氧化剂 6. 受撞击、摩擦或与氧化剂、有机物接触时能引起燃烧或爆炸的物质

续表

乙类仓库	1. 闪点大于等于 28 ℃,但小于 60 ℃的液体 2. 爆炸下限大于等于 10% 的气体 3. 不属于甲类的氧化剂 4. 不属于甲类的化学易燃危险固体 5. 助燃气体 6. 常温下与空气接触能缓慢氧化,积热不散引起自燃的物品
丙类仓库	1. 闪点大于等于 60 ℃的液体 2. 可燃固体
丁类仓库	难燃烧物品
戊类仓库	不燃烧物品

除工业建筑中生产、储存的可燃物以外,任何建筑中的建筑材料和装修材料都可能包含可燃性材料。建筑材料的燃烧性能是指其燃烧或遇火时所发生的一切物理和化学变化。这项性能由材料表面的着火性和火焰传播性、发热、发烟、炭化、失重,以及毒性生成物的产生等特性来衡量。我国国家标准《建筑材料及制品燃烧性能分级》(GB 8624—2012)将建筑材料的燃烧性能分为不燃性建筑材料、难燃性建筑材料、可燃性建筑材料及易燃性建筑材料 4 类。

建筑物是由建筑构件组成的,如基础、墙壁、柱、梁、板、屋顶、楼梯等。建筑构件是由建筑材料构成的,其燃烧性能取决于所使用建筑材料的燃烧性能。我国将建筑构件的燃烧性能分为以下 3 类:

①不燃烧体,包括金属、砖、石、混凝土等不燃性材料制成的构件,称为不燃烧体或非燃烧体。这种构件在空气中遇明火或高温作用下不起火、不微燃、不炭化。例如,砖墙、钢屋架、钢筋混凝土梁等构件都属于不燃烧体,常被用作承重构件。

②难燃烧体,即用难燃性材料制成的构件或用可燃材料制成而用不燃性材料作保护层制成的构件。其在空气中遇明火或在高温作用下可以起火、微燃或炭化,且当火源移开后燃烧和微燃立即停止。

③燃烧体,即用可燃性材料制成的构件。这种构件在空气中遇明火或在高温作用下会立即起火或发生微燃,而且当火源移开后,仍继续保持燃烧或微燃。例如,木柱、木屋架、木梁、木楼梯、木搁栅、纤维板吊顶等构件都属燃烧体构件。

实际火灾中遇到的可燃物种类通常非常复杂,而对于数值模拟而言,通常并不可能完全准确地将各种成分的燃烧考虑在内。一般而言,数值模拟仅关注在火灾中含量最大或其主要作用的个别组分,对其他可能的组分往往予以忽略。例如,对于一个陈列木制家具的商店而言,如果发生火灾,其中的家具将是主要的可燃物,商店窗户上挂的窗帘虽然也是可燃的,但对于整个火灾而言其影响十分微小。

放出热量的多少是可燃物燃烧的一个重要参数。它实际上表示了可燃物中有多少化学能转化为热能。为了模拟燃烧后果,需要尽可能准确地了解可燃物发热量的多少。燃烧热是 1 mol 的燃料在等温等压条件下完全燃烧所释放的热量。标准燃烧热是可燃物在标准状态下的燃烧热。在火灾研究中,一个经常使用的重要参数就是可燃物的标准燃烧热。

在较多的实际火灾中,可燃物的燃烧是不完全的,一方面体现为燃烧过程中并不总是完全消耗可燃物,另一方面体现为不完全燃烧产物大量生成。因此,在计算放热量时,不能简单直接引用燃烧热的数据,而是以燃烧热为基础,但还需结合燃烧场景的特点进行适当的修正。

2.2　不同相态可燃物的着火

对于火灾数值模拟而言,一般并不关注着火的具体细节,即不探究什么样的火源在什么条件下引燃了可燃物,大多数火灾模拟假设火灾已经发生或必然发生。然而,理解不同相态可燃物的燃烧对于火灾数值模拟而言十分重要。只有明确区分出待计算的火灾场景中的燃烧属于哪一种类型,参加反应的主要物质有哪些,才能构建有效的仿真模型,合理地设置模型参数。因此,本节只对着火的主要概念做一简单梳理,其他有关的信息可以参考燃烧学相关资料。

自燃和点燃是可燃物着火的两种主要类型。在一定的条件下,物质自行发生的燃烧现象是自燃。自燃可分为热自燃和化学自燃。可燃物在一定温度条件下自身燃烧的现象是热自燃,这种燃烧是不需要用点火源引燃的。在常温下,由化学反应产生的热量而引燃可燃物的现象是化学自燃,如金属钠在空气中的自燃。使用高温热源作用于冷态可燃物,使冷态可燃物发生燃烧的过程是点燃。点燃首先在作用的局部发生着火,随后燃烧区域向体系的其他部分传播。这种燃烧需要施加外来热源以达到可燃物着火所需的点火能。点燃是引起大部分火灾的主要因素。

通常影响着火的主要因素有:

①可燃物的物态。可燃物的物态不同,着火性能差别很大。一般而言,最容易着火的是可燃性气体,其次是可燃液体,最难的是可燃固体。这主要是因液体变成蒸气或固体发生热解需要提供一定的能量。

②可燃物的结构组成。例如,在烃类化合物中,最小点火能最大的是烷烃类,次之是烯烃类,最小的是炔烃类;碳链越长,支链越多,最小点火能就越大。

③可燃气体的浓度。可燃气体所占的比例在可燃气体与空气的混合气中是影响着火的决定性因素。如果要使所需的点火能最小,可燃气体浓度就应稍高于其反应的化学当量比浓度。

④可燃混合气的初温和压力。通常如果可燃混合气的初温增加,最小点火能就会减少;压力降低,则最小点火能增大。如果压力降到某一临界压力时,可燃混合气就非常难着火。

⑤点火源的性质与能量。让可燃物开始燃烧的外来能源被认为点火源。明火和高温物质都可作为点火源。如果点火源小于可燃物需要燃烧的最小能量,点火源就不能点燃可燃物,而可燃物需要的最小能量常称为最小点火能。可燃物种类不同,最小点火能也就不同,这是由物质本身的性质决定的。

液体可燃物燃烧时火焰并不紧贴在液面上,而是在液面上方空间的某个位置。这是因为液体可燃物着火前需要先蒸发,在液面上方形成一层可燃物蒸气,并与空气混合形成可燃混合气。液体可燃物的燃烧实际上是可燃混合气的燃烧。液体蒸发汽化过程对液体可燃物的燃烧起决定性的作用。液体的闪点是表示液体可燃性与蒸发特性的重要参数。闪点越低,则液体越容易着火;反之,则不易着火。在液体可燃物自由表面上的燃烧,称为液面燃烧。液态可燃物的蒸发在其表面上产生一层蒸气,这些蒸气与空气混合并被加热着火、燃烧形成火焰。液体表面从火焰吸收热量,使蒸发加快,提供更多的可燃蒸气,使燃烧速度迅速增加。当液体的蒸发速度与燃烧速度相当时,便形成了稳定的火焰。

含有水分、黏度较大的重质石油产品(如原油、重油等)发生燃烧时,有可能发生沸溢现象和喷溅现象。原油黏度较大,且含有一定的水分。原油中的水分一般以乳化水和水垫层两种形式存在。所谓乳化水,是原油在开采过程中,原油中的水由于强烈搅拌成细小的水珠悬浮于油中而成。长时间放置后,油水分离,水因相对密度大而沉在底部形成水垫层。当储油罐发生火灾后,由于原油、重油(混合物)等为宽沸程液体,在燃烧过程中,火焰向液面传递的热量首先使低沸点组分蒸发并进入燃烧区燃烧,而沸点较高的重质组分,则携带在表面接收的热量向液体深层沉降,形成一个热的锋面向液体深层传播,逐渐深入并加热冷的液层,这一现象称为液体的热波特性。

在热波向液体深层运动时,由于热波温度远高于水的沸点,因此热波会使油品中的乳化水汽化,大量的水蒸气就要穿过油层向液面上浮,在上浮过程中形成油包水的气泡,从而使液体体积膨胀,内外溢出,同时部分未形成泡沫的油品也被下面的蒸气膨胀力抛出罐外,使液面猛烈沸腾起来,这种现象称为沸溢。随着燃烧的进行,热波的温度逐渐升高,热波向下传递的距离也加大,当热波达到水垫层时,水垫的水大量蒸发,蒸气的体积迅速膨胀,以致把水垫上面的液体层抛向空中,向罐外喷射,这种现象称为喷溅。

油罐火灾在出现喷溅前,通常出现液面蠕动、涌涨现象;火焰增大、发亮发白;出现油沫 2 ~ 4 次;烟色由浓变淡;发生强烈的"嘶、嘶"声,罐壁颤动等。当油罐火灾发生喷溅时,能把燃油抛出 70 ~ 120 m,不仅使火灾猛烈发展,而且严重危及扑救人员的生命安全。因此,应及时组织撤退,避免人员伤亡。

固体可燃物在着火之前,一般先受热发生热分解,在热分解过程中,释放出可燃性气体。可燃性气体遇到适量的空气且具有足够高的温度,那么就会着火燃烧,形成气相火焰。固体热分解释放出可燃性气体后,剩余固体残留物也可在可燃性气体开始燃烧或燃烧殆尽之后才开始燃烧,这种燃烧称为固体的表面燃烧。事实上,由于固体化学性质的不同,具体的燃烧形式差异很大。具体可分为以下 4 种类型:

①升华式燃烧。萘、樟脑等升华式固体可燃物,对其加热时直接升华为蒸气,蒸气和空气中的氧进行燃烧。

②熔融蒸发式燃烧。蜡烛、沥青等固体可燃物,对其加热时首先熔化成液体,液体蒸发产生蒸气,蒸气再与氧进行燃烧。

③热分解式燃烧。木材、棉花、煤、塑料等可燃固体,对它们加热时,固体内部会发生一系列复杂的热分解反应,放出一氧化碳、氢气、甲烷等各种各样的可燃气体以及二氧化碳、水蒸气等不燃气体,可燃气体与空气中的氧进行燃烧生成产物。大部分常见的可燃固体都属于热分解式燃烧。

④固体表面燃烧。可燃物受热不发生热分解和相变,在被加热的表面上吸附氧,从表面开始呈余烬的燃烧状态,称为表面燃烧(也称无火焰的非均相燃烧)。例如,焦炭、木炭和不挥发金属等的燃烧均属表面燃烧。表面燃烧速度取决于氧气扩散到固体表面的速度,并受表面上化学反应速度的影响。

前 3 类燃烧形式有一个共同特点,即最后燃烧的物态都为气体,与空气中的氧气都属于气相,故称同相燃烧;气体燃烧时都存在一个发光的气相燃烧区域,即火焰,伴随有火焰产生的燃烧,称为有焰燃烧。第四类燃烧形式在燃烧时,可燃物属固相,氧化剂属气相,燃烧区存在两个相,故称异相燃烧;在燃烧时,没有发光的气相燃烧区域,故称无焰燃烧。前 3 类燃烧,既可以是预混燃烧,也可以是扩散燃烧,在一般情况下,首先是预混燃烧,然后转变为扩散燃烧。第四类燃烧则只能是扩散燃烧。

2.3　不同相态可燃物中火灾的蔓延

传热过程与火灾现象密切相关。在火灾燃烧的过程中,同时会出现导热、对流传热和热辐射 3 种不同的传热方式。根据燃烧类型、着火环境情况等因素的不同,3 种传热方式也存在不同的重要性。

2.3.1　传热

热传导因要通过物质表面接触才能完成,故通常存在于可燃固体之间。火灾的发展过程都是非稳态过程,在火灾燃烧过程中,材料物性会发生变化。一方面,不同的材料由于其差异性会造成热量传递过程的差异;另一方面,火灾会造成温度发生不同的变化,即便相同的材料,也会因温度的不同而造成热量传递过程的不同。对流传热存在于火灾的整个过程,是火灾中气相热交换的主要方式。火灾产生的高温会使空气温度逐渐升高,密度变小,进而有向上运动的趋势。辐射传热以电磁波的形式进行,不需要中间介质,辐射传递的能量可被物体吸收、反射。辐射传热在火灾的蔓延过程中起着举足轻重的作用,而且火势越大,这种影响也会越明显。例如,在建筑室内火灾中,某个室内局部着火,产生高温烟气,烟气经过开启的门窗蔓延至相邻房间,并在邻间顶部形成烟气层,该烟气层向下的辐射很可能使房间内的可燃物表面达到着火温度,从而引发火灾的蔓延。

2.3.2　气体可燃物中火灾的蔓延

可燃气体在不同的条件下会呈现以下两种燃烧形式:

1)扩散燃烧

如果可燃气体与空气的混合是在燃烧过程中进行的,即可燃气体与空气"边混合边燃烧",那么所发生的燃烧称为扩散燃烧。这种燃烧是气体由容器内出来多少,与空气混合多少,也就烧掉多少,只要控制得好,就不至于造成爆炸。例如,使用液化石油气罐烧饭,点瓦斯灯照明,以及油罐罐口出现的有焰燃烧等就属于这种形式的燃烧。其燃烧速度取决于可燃气体流出的速度。这种形式的燃烧特点一是有火焰,二是持续燃烧。

2)动力燃烧(预混燃烧)

如果可燃气体与空气的混合是在燃烧之前进行的,那么所发生的燃烧称为动力燃烧。如液化石油气罐气阀漏气时,漏出的液化气弥散在罐的周围,与空气形成爆炸性混合物,一遇到着火源,就会以爆炸的形式燃烧,并在漏气处转变为扩散燃烧。动力燃烧破坏力大,火灾时会造成重大的人员伤亡和经济损失。在一定的空间几何条件下,预混燃烧有时会发生爆轰。发生爆轰时,其火焰传播速度非常快,一般超过声速,产生压力也非常高,对设备的破坏非常严重。

气体火焰按运动状态的不同,可分为静止火焰和运动火焰两类。静止火焰即火焰不动,可燃物和氧化剂不断流向火焰处(燃烧区)。静止火焰还可进一步分成两种类型:第一种是可燃物一面与空气接触一面完成燃烧反应,当火焰的尺寸不大时,燃烧过程主要决定于空气和可燃物的相互扩散速度,这种火焰为扩散火焰(即扩散燃烧形成的火焰);

第二种是可燃物和空气或氧气事先已部分混合,但尚未完全混合,且必须小于爆炸下限的火焰。普通本生灯(煤气灯)的火焰,就是这种火焰。在本生灯中,事先混合好的气体从管口流出,其流速大于该混合物的正常燃烧速度,这时在灯口上可获得稳定的火焰。运动火焰即火焰相对于可燃物和氧化物发生移动。例如,若将可燃气体和空气混合物导入一玻璃管内,从一端点燃混合物,便会产生向另一端传播的火焰。

根据流体力学原理,按通过火焰区的气流性质,火焰可分为层流火焰和湍流火焰。处于层流状态的火焰因可燃混合气流速不高没有扰动,火焰表面光滑,燃烧状态平稳。火焰通过热传导和分子扩散把热量和活化中心(自由基)供给邻近的尚未燃烧的可燃混合气薄层,使火焰传播下去。当可燃混合气流速较高或流通截面较大、流量增大时,流体中将产生大大小小数量极多的流体涡团,并做无规则的旋转和移动。在流动过程中,穿过流线前后和上下扰动火焰表面皱褶变形,变粗变短,翻滚并发出声响。这种火焰称为湍流火焰。湍流火焰具有比层流火焰短、火焰加厚,发光区模糊,有明显的噪声等特征。湍流燃烧比层流燃烧更为激烈,火焰传播速度要快得多。

在实际火灾中,绝大多数的火焰为湍流火焰。对湍流火焰的数值模拟涉及湍流流动与燃烧的耦合,是数值模拟的重点和难点所在。

2.3.3　液体可燃物中火灾的蔓延

液体可燃物的燃烧主要分为喷雾燃烧、液面燃烧和固面燃烧 3 类,分别对应以下 3 种火灾蔓延形式。

1)油雾中火灾的蔓延

当低闪点的可燃液体雾滴与空气预先混合时,雾滴比表面积大,蒸发面积大、速度快,遇火源可产生带有冲击力的动力燃烧。该类燃烧首先是雾滴自然蒸发产生的蒸气燃烧,进而产生高温,又进一步促进了雾滴的蒸发。例如,雾化汽油、煤油等挥发性较强的烃类在气缸内的燃烧。

2)液面火灾的蔓延

常压下液体带有自由表面的燃烧,一般都为扩散燃烧,其过程是边蒸发、扩散,边氧化燃烧,燃烧速度较慢而稳定。闪点较高的液体往往不容易直接点燃,如煤油等,需要将其吸附在灯芯上才能点燃。这主要是因为液体在多孔介质的浸润作用下,蒸发表面增大,而灯芯又是一种有效的绝热体,具有较好的蓄热作用,点火源的能量足以使灯芯吸附的部分液体迅速蒸发,在局部达到燃烧浓度,燃烧产生的热量又进一步加快灯芯上液体的蒸发,使火焰高度和亮度增加,达到稳定燃烧,直至液体全部烧完。因此,在防火工作中,要注意高闪点液体吸附在棉纱等多孔物质上发生自燃和着火的危险。

3）含可燃液体的固面火灾蔓延

当可燃液体泄漏到地面,如土壤、沙滩上,地面就成了含有可燃物的固体表面,一旦着火燃烧就形成了含可燃液体的固面火灾。含可燃液体的固面火灾的蔓延首先与可燃液体的闪点有关。当液体初温较高,尤其大于闪点时,含可燃液体的固面火灾的蔓延速度较快。随着风速增大,含可燃液体的固面火灾的蔓延速度减小。当风速增加到某一值之后,燃烧蔓延速度急剧下降甚至熄灭。地面粗糙度也影响含可燃液体的固面火灾的蔓延,随着地面颗粒物粒径的增大,火灾蔓延速度不断减小。

2.3.4　固体可燃物火灾的蔓延

固体可燃物的燃烧过程比气体、液体可燃物的燃烧过程要复杂得多,其影响因素也很多。固体可燃物一旦着火燃烧后,就会沿着可燃物表面蔓延。蔓延速度与材料特性和环境因素有关,其大小决定了火势发展的快慢。固体的熔点、热分解温度越低,其燃烧速度越快,火灾蔓延速度也越快。

相同的材料在不同的外部环境条件下,火灾蔓延速度也不相同。外界环境中的氧浓度增大,火焰传播速度加快。风速的增加通常有利于火焰的传播,但风速过大则会吹灭火焰。空气压力增加时,化学反应速率增大,火焰传播速度加快。

在无风的条件下,火焰形状基本是对称的,由火焰的上升而夹带的空气流在火焰四周也是对称的。火焰逆着空气流的方向向四周蔓延。火焰向材料表面未燃烧区域的传热方式主要是热辐射,但在火焰根部,热对流占主导地位。在有风的条件下,火焰顺着风向倾斜。在上风侧,火焰逆风流方向传播,辐射角较大,辐射热可忽略不计,气相热传导是主要的传热方式。因此,火焰传播速度非常慢,甚至不能传播。而在下风侧,火焰和材料表面之间的传热主要为热辐射和对流换热,并且辐射角较小。因此,火焰传播速度较快。对室外火灾,火焰蔓延受风速的影响很大。风速大,蔓延速度快。在同风速情况下,火焰蔓延的规律是顺风>侧风>逆风。火焰沿垂直或倾斜表面的传播蔓延是最重要的火焰传播方式。由于浮力作用,火焰覆盖在材料未燃区域的表面,存在强烈的热辐射和对流换热。因此,火焰向上传播速度较快,而向下传播的速度较慢。

2.4　室内火灾的发展过程

建筑物一般都具有多个内部受限空间,这种空间常称室(Enclosure)。整栋建筑的火灾最初是由这种室内或局部区域发生火灾,然后蔓延到相邻的房间或区域,最后蔓延到整个建筑物。由于不同可燃物质的燃烧过程各异,可燃液体和可燃气体的燃烧迅速。因此,在相当短的时间内可达到上千摄氏度,而且可燃液体燃烧容易引发池火或流淌火,可燃气体燃烧容易引发爆炸。火灾形式和过程复杂且各不相同,火灾危险性更大。

此处仅介绍耐火建筑中具有代表性的单个房间内可燃物固体的火灾发生、发展过程。着火房间内的平均温度是表征火灾强度的一个重要指标。因此,室内火灾的发展过程通常用室内平均温度随时间变化的曲线表示。火灾过程按时间顺序可分为 3 个阶段,即火灾初期增长阶段(Fire growth period)、火灾充分发展阶段(Fully developed period)和火灾减弱熄灭阶段(Decay period)。

1)火灾初期增长阶段

建筑火灾中,初起火源大多数是固体可燃物,如烟头、可燃物附近异常发热的电器、炉灶的余火等。在某种点火源的作用下,固体可燃物的某个局部被引燃起火,并失去控制,称为火灾初期增长阶段。

根据起火源的燃烧特性、起火源周围可燃物的分布和燃烧特性、通风条件等差异,火灾初期的燃烧和扩张形式呈现不同的规律,一般分为以下 3 种情形:

①起火处的可燃物完全烧尽而未延及其他可燃物,火灾早期即受到控制或自行熄灭。这种情况通常发生在初期可燃物不多且距离其他可燃物较远的情况下,或火灾早期探测系统起作用,刚发烟即得到有效的控制。

②火灾增长到一定的规模,但温度和通风不足使燃烧强度受到限制,火灾以较小的规模持续燃烧。此时,可燃物呈现显著的不完全燃烧状态,大量发烟但不出现明火,这样的燃烧过程常称阴燃。如果能在阴燃阶段采取有效的灭火措施,将大大减少火灾损失。

③如果存在足够的可燃物质,而且具有良好的通风条件,则火灾迅速发展到整个房间,使房间中的所有可燃物(家具、衣物、可燃装修物)卷入燃烧中,从而使室内火灾进入全面发展的猛烈燃烧阶段。

2)火灾充分发展阶段

聚集在室内的所有可燃物都卷入火灾之中迅猛燃烧,使室内由局部燃烧向全室性燃烧过渡的现象,称为轰燃。轰燃标志着室内火灾充分发展阶段的开始。这时,室内可燃物都在猛烈燃烧,放热和升温速度很快,一般会出现 1 100 ℃ 以上的持续性高温并伴随着大量的高温烟气向室外蔓延。同时,受墙壁和顶棚的限制,火灾会向房间开口处蔓延。室内火灾全面发展阶段的持续时间取决于可燃物的燃烧特性、数量和通风条件等。

3)火灾减弱熄灭阶段

约 80% 的可燃物被燃烧掉后,火势即到达衰减期。这时,室内可燃物的挥发分大量消耗致使燃烧速率减小,室内平均温度降到其峰值的 80% 。最后明火燃烧无法维持,火焰熄灭,可燃固体变为赤热的焦炭。这些焦炭按照固定碳燃烧的形式继续燃烧,燃烧速率非常缓慢。燃烧放出的热量不会很快消失,室内平均温度仍然较高,并且在焦炭附近还存在相当高的局部温度。该阶段室温逐渐降低,其下降速率是每分钟 7~10 ℃,但在较长时间内室温还会保持为 200~300 ℃。

上述火灾发展过程,是指火灾的自然发展过程,没有涉及人们的灭火行动。如果在火灾初期阶段采取有效的消防措施,如启动自动喷水系统,就可有效地控制室内温度的升高,避免火灾轰燃的发生,有效地保护人员的生命安全和最大限度地减少财产损失。当火灾进入充分发展阶段后,灭火的难度大大增加,但有效的消防措施仍然可抑制过高温度的出现,控制火灾的蔓延,从而减少火灾造成的损失。

2.5　建筑火灾蔓延的主要途径

1)火灾传播蔓延的过程

对建筑物(构筑物)内发生的火灾,主要经过以下过程传播蔓延:

①起火点的火舌直接点燃周围的可燃物,并使之发生燃烧。这种蔓延方式多在近距离内出现。

②固体可燃物表面或易燃、可燃液体表面上的一点起火,通过导热升温点燃,使燃烧沿物体表面连续不断地向周围发展下去的燃烧现象。

③间隔墙一侧起火或钢筋混凝土楼板下面起火或通过管道及其他金属容器内部的高温,由墙、楼板、管壁(或器壁)的一侧表面传到另一侧表面,使靠近这些地点的可燃物品点燃,并造成火灾蔓延。

④火点附近易燃、可燃物,在与火焰无法接触,又无中间导热物体作媒介的条件下起火燃烧,是热辐射造成的结果。不管温度高低和周围情况如何,物体经常以电磁波的形式发出能量。温度越高,辐射越强,而且辐射的波长分布情况也随温度而变。如温度低时,主要是不可见的红外辐射;在 500 ℃以至更高时,则依次发射较强的可见光以至紫外辐射。热辐射是促使火灾在室内及建筑物间蔓延的一种重要形式。

⑤房间内的热烟与室外新鲜空气之间的密度不同,热烟的密度小,形成向上的浮羽流,由墙体开口的上部流出,室外的冷空气则由墙体开口的下部流入室内的燃烧区,并参与燃烧。这样,就出现了冷热气体之间的对流,并导致火灾的蔓延。

2)火焰传播的主要途径

具体到建筑机构层面,火焰的传播有以下主要途径:

(1)楼板的孔洞和各种竖井管道

由于建筑物功能的需要,建筑物内往往设有各种竖井和竖向开口部位等。在建筑物发生火灾时,大部分情况下会产生如前所述的正向烟囱效应,造成火灾迅速向上部楼层蔓延。研究表明,高温烟气在竖井内向上蔓延的速度为 $3 \sim 5$ m／s。

（2）房间隔墙

房间隔墙采用可燃材料制作,或虽采用不燃、难燃性材料制作但达到其耐火极限后,隔墙在火灾高温作用下会被烧坏,失去隔火作用,使火灾蔓延到相邻房间或区域。

（3）穿越楼板、墙壁的管线和缝隙

室内发生火灾时,其中性层以上部位处在高压力状态。该部位穿越楼板、墙壁的管线和缝隙很容易把火或高温烟气传播出去,造成火灾蔓延。此外,穿过房间的金属管线在火灾高温作用下,往往会通过热传导方式将热量传到相邻房间或区域一侧,使得与管线接触的可燃物起火,造成火势蔓延。

（4）吊顶

高温烟气是向上升腾的,吊顶上的入孔及通风口都是高温烟气的必经之处。高温烟气一旦进入吊顶空间内,因吊顶内往往没有防火分隔墙,空间大,很容易造成火灾水平蔓延。

（5）外墙窗口

起火房间的温度很高时,如果烟气中含有过量可燃性气体,则高温烟气从外墙窗口排出后即会形成火焰,将会引起火势向上层蔓延。研究结果表明,此种火焰具有被拉向与其垂直墙面的性质,其火焰运动轨迹明显地取决于窗宽与窗高之比。窗口越宽,则越容易将上层房间点燃。为了防止火灾通过外墙窗口向上层蔓延,在建筑设计时会设置防火挑檐或加大上下层窗间墙的高度。

此外,起火建筑物从外墙口喷出的热烟气和火焰,能通过辐射把火灾传播给相当距离内的相邻建筑。

2.6　火羽流与顶棚射流

2.6.1　火羽流

在火灾中,火源上方的火焰及燃烧生成的烟气,通常称为火羽流。实际上,所有的火灾都要经历这样一个重要的初始阶段,即在火焰上方由浮力驱动的热气流持续地上升进入新鲜空气占据的环境空间,这一阶段从着火（包括连续的阴燃）然后经历明火燃烧过程直至轰燃前结束。

图 2.1 给出了包括中心线上温度和流速分布在内的火羽流示意图。可燃挥发成分与环境空气混合形成扩散火焰,平均火焰高度为 L,火焰两边向上伸展的虚线表示羽流边

界,即由燃烧产物和卷吸空气构成的整个浮力羽流的边界。如图2.1所示为理想化的轴对称火羽流模型,Z_0表示虚点火源高度。

图2.1(c)定性地给出了实验观测得到的火羽流中心线上温度和纵向流速分布。其中,温度以相对于环境的温差表示。可知,火焰的下部为持续火焰区,因而温度较高且几乎维持不变;而火焰的上部为间歇火焰区,从此温度开始降低,这是因为燃烧反应逐渐减弱并消失,同时环境冷空气被大量卷入。火焰区的上方为燃烧产物(烟气)的羽流区,其流动完全由浮力效应控制,一般称为浮力羽流或烟气羽流。火羽流中心线上的速度在平均火焰高度以下逐渐趋于最大值,然后随高度的增加而下降。

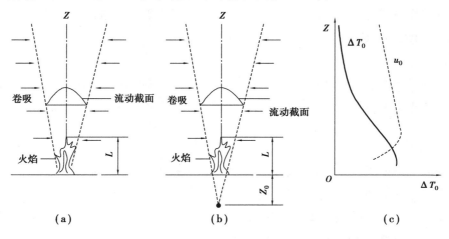

图2.1　火羽流示意图

2.6.2　顶棚射流

顶棚射流是一种半无限的重力分层流。当烟气在水平顶棚下积累到一定厚度时,它便发生水平流动。如图2.2所示为这种射流的发展过程。

羽流在顶棚上的撞击区大体为圆形,刚离开撞击区边缘的烟气层不太厚,顶棚射流由此向四周扩散。顶棚的存在将表现出固壁边界对流动的黏性影响。因此,在十分贴近顶棚的薄层内,烟气的流速较低。随着垂直向下离开顶棚距离的增加,其速度不断增大,而超过一定距离后,速度便逐步降低为零。这种速度分布使射流前锋的烟气转向下流,然而热烟气仍具有一定的浮力,还会很快上浮。于是,顶棚射流中便形成一连串旋涡,它们可将烟气层下方的空气卷吸进来。因此,顶棚射流的厚度逐渐增加而速度逐渐降低。

研究表明,许多情况下顶棚射流的厚度为顶棚高度的5%~12%,而在顶棚射流内最高温度和最大速度出现在顶棚以下顶棚高度的1%处。这对火灾探测器和洒水淋头等的设置有特殊意义。如果它们被设置在上述区域以外,则其实际感到的烟气温度和速度将会低于预期值。

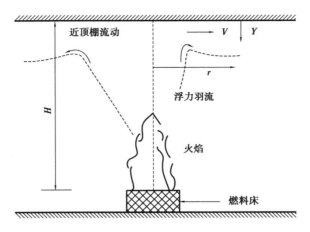

图 2.2　顶棚射流示意图

　　烟气顶棚射流中的最大温度和速度是估算火灾探测器和洒水淋头响应的重要基础。对稳态火,为了确定不同位置上顶棚射流的最大温度和速度,通过大量的实验数据拟合可得到不同区域内的关系式。应该指出的是,这些实验是在不同可燃物(木垛、塑料、纸板箱等)、不同大小火源(0.67~98 MW)和不同高度顶棚(4.6~15.5 m)情况下进行的,得到的关系式仅适用于刚着火后的一段时期。这一时期内热烟气层尚未形成,顶棚射流可认为非受限的。

　　在撞击顶棚点附近烟气羽流转向的区域,最大平均温度和速度与以撞击点为中心的径向距离无关。Alpert 推导出此时最大温度和速度为

$$T-T_{\infty}=\frac{16.9Q_{\mathrm{A}}^{\frac{2}{3}}}{H^{\frac{5}{5}}}\qquad \frac{r}{H}\leqslant 0.18$$

$$T-T_{\infty}=\frac{5.38\left(\dfrac{Q_{\mathrm{A}}}{r}\right)^{\frac{2}{3}}}{H}\qquad \frac{r}{H}>0.18$$

$$U=0.96\left(\frac{Q_{\mathrm{A}}}{H}\right)^{\frac{1}{3}}\qquad \frac{r}{H}\leqslant 0.15$$

$$U=\frac{0.195Q_{\mathrm{A}}^{\frac{1}{3}}H^{\frac{1}{2}}}{r^{\frac{5}{6}}}\qquad \frac{r}{H}>0.15$$

式中　T——最大平均温度;

　　　　U——最大平均速度;

　　　　H——着火点到顶点的高度;

　　　　r——以着火点正上方(羽流撞击点)为中心的径向距离;

　　　　Q_{A}——火源对流热释放速率,kW。

2.7　火灾烟气

几乎所有的火灾中都会出现大量烟气,这主要是因为很难有充足的氧气使可燃物全部燃烧完全。火灾中烟气的温度高、有毒性,很可能对人员的安全造成威胁。烟气能见度低,阻碍人员的疏散,使人员不得不在恶劣环境中停留更长的时间。在建筑空间内,烟气常常能迅速蔓延,即使在距离着火区较远的地方,也会产生明显影响。统计表明,火灾中 2/3 以上的死亡者都是烟气导致的。

烟气流动的驱动力主要包括烟囱效应、燃气的浮力和膨胀力、风的影响、通风系统风机的影响、电梯的活塞效应等。

1)烟囱效应

当外界温度较低时,在如楼梯井、电梯井、垃圾井、机械管道、邮件滑运槽等建筑物中的竖井内,与外界空气相比,温度较高而内部空气的密度比外界小,便产生了气体向上运动的浮力,这一现象就是烟囱效应。当外界温度较高时,则在建筑物中的竖井内存在向下的空气流动,这也是烟囱效应,可称为逆向烟囱效应。在标准大气压下,正向、逆向烟囱效应所产生的压差为

$$\Delta p = K_s \left(\frac{1}{T_o} - \frac{1}{T_i} \right) h$$

式中　Δp——压差;

　　　K_s——修正系数;

　　　T_o——外界空气温度;

　　　T_i——竖井内空气温度;

　　　h——距离中性面的距离。

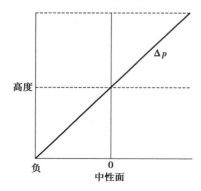

图 2.3　竖井内外压差沿井高度的分布

所谓中性面,是指内外静压相等的建筑横截面,高于中性面为负。图 2.3 给出了烟囱效应所产生的竖井内外压差沿井高度的分布。其中,正压差表示竖井的气压高于外界气压;负压差,则相反。

烟囱效应通常发生在建筑内部和外界环境之间。图 2.4 分别给出了正向、逆向烟囱效应引起的建筑物内部空气流动示意图。

考虑烟囱效应时,如果建筑与外界之间空气交换的通道沿高度分布较为均匀,则中性面位于建筑物高度的 1/2 附近;否则,中性面的位置将有较大

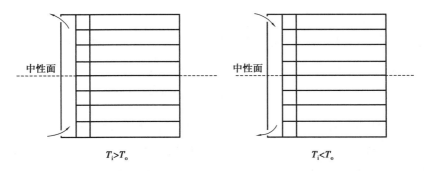

图 2.4　正向和逆向烟囱效应引起的建筑内部空气流动

偏离。

　　烟囱效应是建筑火灾中竖向烟气流动的主要因素。烟气蔓延在一定程度上依赖于烟囱效应,在正向烟囱效应的影响下,空气流动能够促使烟气从火区上升很大高度。如果火灾发生在中性面以下区域,则烟气与建筑内部空气一道窜入竖井并迅速上升,因烟气温度较高,其浮力大大强化了上升流动,一旦超过中性面,烟气将窜出竖井进入楼道。若相对于这一过程,楼层间的烟气蔓延可以忽略,则除起火楼层外,在中性面以下的所有楼层中相对无烟,直到着火区的发烟量超过烟囱效应流动所能排放的烟量。

　　如果火灾发生在中性面以上的楼层,则烟气将由建筑内的空气气流携带从建筑外表的开口流出。若楼层之间的烟气蔓延可以忽略,则除着火楼层以外的其他楼层均保持相对无烟,直到火区的烟生成量超过烟囱效应流动所能排放的烟量。若楼层之间的烟气蔓延非常严重,则烟气会从着火楼层向上蔓延。

　　逆向烟囱效应对冷却后的烟气蔓延的影响与正向烟囱效应相反,但在烟气未完全冷却时,其浮力还会很大,以至于在理想烟囱效应的条件下烟气甚至仍向上运动。

2)浮力作用

　　火源区附近高温烟气的密度比常温气体低得多,因而具有浮力。在火灾充分发展阶段,烟囱效应可以处理着火房间窗口两侧的压力分布。着火房间与外围环境的压差可表示为

$$\Delta P_{\mathrm{fo}} = ghP_{\mathrm{atm}} \dfrac{\dfrac{1}{T_{\mathrm{o}}} - \dfrac{1}{T_{\mathrm{f}}}}{R}$$

式中　ΔP_{fo}——着火房间与室外的压力差,Pa;

　　　　T_{o}——着火房间外气体的绝对温度;

　　　　P_{atm}——着火房间的当地大气压;

　　　　R——修正系数;

　　　　T_{f}——着火房间内气体的绝对温度;

h——中性面以上的距离。

此方程适用于着火房间内温度恒定的情况。如果外界压力为标准大气压时,该关系式可写为

$$\Delta P_{\text{fo}} = K_s \left(\frac{1}{T_o} - \frac{1}{T_f} \right) \times h = 3\ 460 \times \left(\frac{1}{T_o} - \frac{1}{T_f} \right) \times h$$

若着火房间顶棚上有开口,则浮力作用产生的压力会使烟气经此开口向上面的楼层蔓延。同时,浮力作用产生的压力还会使烟气从墙壁上的任何开口及缝隙或门缝中泄漏。当烟气离开火区后,由于热损失及与冷空气掺混,其温度会有所降低。因此,浮力的作用及其影响会随着与火区之间距离的增大而逐渐减小。

3)膨胀作用

燃料燃烧释放的热量会使气体明显膨胀并引起气体运动。若考虑着火房间只有一个墙壁开口与建筑物其他部分相连,则在火灾过程中,建筑内部的空气会从开口下半部流入该着火房间,而热烟气也会经开口的上半部从着火房间流出。因燃料热解、燃烧过程所增加的质量与流入的空气相比很小,可将其忽略,则着火房间流入与流出的体积流量之比可简单地表示为温度之比,即

$$\frac{Q_{\text{out}}}{Q_{\text{in}}} = \frac{T_{\text{out}}}{T_{\text{in}}}$$

式中　　Q_{out}——从着火房间流出的燃气体积流量;

　　　　Q_{in}——流进着火房间的空气流量;

　　　　T_{out}——燃气的绝对温度;

　　　　T_{in}——空气的绝对温度。

若建筑内部空气温度为 20 ℃,当空气温度达到 600 ℃(873 K)时,其体积约膨胀到原来的 3 倍。对有多个门或窗敞开的着火房间,其流动面积较大,因气体膨胀在开口处引起的压差较小而可忽略,但对密闭性较好或开口很小的着火房间,如燃烧能够持续较长时间,则因气体膨胀作用产生的压差将非常重要。

4)外部风向作用

在许多情况下,外部风可在建筑的周围产生压力分布,这种压力分布可能对建筑物内的烟气运动及其蔓延产生明显影响。一般风朝着建筑物吹过来会在建筑物的迎风侧产生较高的滞止压力,这时可增加建筑物内的烟气向下风方向流动。

一般而言,在距地表面最近的大气边界层内,风速随高度增加而增大,而在垂直离开地面一定高度的空中,风速基本上不再随高度增加,可看成等速风。在大气边界层内,地势或障碍物(如建筑物、树木等)都会影响边界层的均匀性,通常风速和高度的关系可用指数关系来进行描述,即

$$V = V_0 \left(\frac{Z}{Z_0} \right)^n$$

式中 V——实际风速；

V_0——参考高度的风速；

Z——测量风速 V 时所在的高度；

Z_0——参考高度；

n——风速指数，无量纲。

在建筑发生火灾时，经常出现着火房间窗玻璃破碎的情况。如果破碎的窗户处于建筑的背风侧，则外部风作用产生的负压会将烟气从着火房间中抽出，这时可大大缓解烟气在建筑内部的蔓延；而如果破碎的窗户处于建筑的迎风侧，则外部风将驱动烟气在着火楼层内迅速蔓延，甚至蔓延至其他楼层，这种情况下外部风作用产生的压力可能会很大，而且可轻易地驱动整个建筑内的气体流动。

5）建筑物内通风和空调系统的影响

在建筑火灾的发展过程中，通风和空调系统能迅速地传递烟气。在火灾的初始阶段，当火灾发生在无人的地方时，烟气会通过正在运行的通风和空调系统进入有人的地方，人们能很快地发现火灾。由此可知，在火灾发展初期，通风和空调系统对火灾的探测有帮助作用。相反地，随着火势的扩大，烟气也会通过通风和空调系统进入建筑物的其他空间，一定程度上促进了烟气的蔓延。除此之外，其他非起火空间内的新鲜空气也会通过通风和空调系统进入起火区域，促进火灾的发展。因此，在建筑火灾发现火情后，应及时关闭通风和空调系统。

6）活塞效应

在某些建筑物中存在着物体的往返运动。例如，电梯井中电梯的运动，它会导致建筑中物体的运动空间内出现瞬时的压力变化。电梯在电梯井内上下运行，导致电梯前室和建筑空间之间产生一定的压差，从而影响火灾烟气的传播，这就是建筑物内的电梯"活塞效应"。电梯的活塞效应会导致电梯前室与建筑空间的压差减小，极限状态下可能导致火灾烟气卷入电梯前室，或顺着电梯井蔓延至其他楼层。

2.8 消防工程常见概念

2.8.1 建筑防火

建筑防火的主要内容包括以下 7 个方面。

1）总平面防火

在总平面设计中,应根据建筑物的使用性质、火灾危险性、地形、地势及风向等因素进行合理布局,尽量避免建筑物相互之间构成火灾威胁和发生火灾爆炸后可能造成严重后果,并且为消防车顺利扑救火灾提供条件。

2）防火间距

防火间距是两栋建构筑物之间,保持适应火灾扑救、人员安全疏散和降低火灾时热辐射等的必要间距。为了防止建筑物间的火势蔓延,各幢建筑物之间留出一定的安全距离是非常必要的。这样能减少热辐射的影响,避免相邻建筑物被烤燃,并可提供疏散人员和灭火战斗人员的必要场地。

3）建筑物耐火等级

为了保证建筑物的安全,必须采取必要的防火措施,使之具有一定的耐火性,即使发生了火灾也不至于造成太大的损失。通常用耐火等级来表示建筑物所具有的耐火性。划分建筑耐火等级是建筑设计防火规范中规定的防火技术措施中最基本的措施。它要求建筑物在火灾高温的持续作用下,墙、柱、梁、楼板、屋盖、吊顶等基本建筑构件能在一定的时间内不破坏、不传播火灾,从而起到延缓和阻止火灾蔓延的作用,并为人员疏散、抢救物资和扑灭火灾以及为火灾后结构修复创造条件。

4）防火分区和防火分隔

防火分区是指采用防火分隔措施划分出的、能在一定时间内防止火灾向同一建筑的其余部分蔓延的局部区域(空间单元),主要通过涵盖面积确定。通过划分防火分区这一措施,当建筑物发生火灾时,可有效地把火势控制在一定的范围内,减少火灾损失,同时可为人员安全疏散、消防扑救提供有利条件。防火分区主要是通过能在一定时间内阻止火势蔓延,且能把建筑内部空间分隔成若干较小防火空间的防火分隔设施来实现的。常用的防火分隔有防火墙、防火门、防火卷帘等。在通过消防设计审核和验收之后,防火墙就基本上不会发生什么变化。而防火门和防火卷帘即使在消防设计审核和验收之后,在实际运行时也有可能出现一些问题,包括常闭防火门未关闭或关闭不严、防火门损坏;防火卷帘下部堆放物品,或维护保养不及时,致使滑轨滑槽锈蚀,造成防火卷帘无法达到预定位置;常开防火门因控制系统损坏或出现故障,紧急情况下无法关闭。如果出现上述种种问题,都会使防火分区不能达到预定的消防设计要求,无法实现火灾时防止火灾蔓延的目的。

5）防烟分区

对某些建筑物需用挡烟构件(挡烟梁、挡烟垂壁、隔墙)划分防烟分区,将烟气控制在一定范围内,以便用排烟设施将其排出,保证人员安全疏散和便于消防扑救工作顺利进行。

6）安全疏散

建筑物发生火灾时，为避免建筑物内人员因火烧、烟熏中毒和房屋倒塌而遭到伤害，必须尽快撤离；室内的物资也要尽快抢救，以减少火灾损失。因此，要求建筑物应有完善的安全疏散设施，为安全疏散创造良好的条件。

7）工业建筑防爆

在一些工业建筑中，使用和产生的可燃气体、可燃蒸气、可燃粉尘等物质能与空气形成爆炸危险性的混合物，遇到火源就会引起爆炸。这种爆炸能在瞬间以机械功的形式释放出巨大的能量，使建筑物、生产设备遭到毁坏，造成人员伤亡。对上述有爆炸危险的工业建筑，为了防止爆炸事故的发生，减少爆炸事故造成的损失，要从建筑平面与空间布置、建筑构造和建筑设施方面采取防火防爆措施。

2.8.2　消防设备设施

1）火灾自动报警系统

火灾自动报警系统是建筑中经常使用的一种自动探测系统。当建筑中发生火灾后，探测器可检测到不同于非火灾环境中的温度、烟气浓度、火焰等信号，并将其转换为电信号，传至自动报警控制器，自动报警控制器通过显示器以及报警声告知值班人员发生火灾的具体位置。

火灾探测器是火灾自动报警系统的重要组成部件。一般用于工业、民用建筑中的探测器主要有离子感烟探测器、光电感烟探测器、激光感烟探测器、定温感温探测器、差温式感温探测器及差定温式感温探测器。在实际应用中，应根据每种探测器适合的场合进行选用，以避免出现误报或不能及时报警的现象。

2）自动灭火系统

自动灭火系统主要是指以水为介质的自动灭火系统。该灭火系统在我国建筑中比较常见，主要包括自动喷水灭火系统、水喷雾灭火系统、细水雾灭火系统及水泡沫灭火系统。在进行建筑的消防设计时，应根据当地的气候条件结合建筑的实际情况及成本，选用高效合理的自动灭火系统，及时发现和扑灭火灾。

自动灭火系统以自动喷水灭火系统为主。自动喷水灭火系统不需要人为操作灭火，可在火灾初期自动喷水灭火，直接面对着火点，灭火迅速，灭火成功率高达90%，可有效降低火灾损失。

3）防排烟系统

防排烟系统主要是指布置于建筑中用于火灾情况下为人员疏散提供便利条件的排

烟、防烟设施。其有效性直接关系人员的安全疏散,是消防安全设计中重要的设计内容。按照排烟方式,排烟可分为自然排烟和机械排烟。防烟也可分为自然防烟和机械防烟。对地下建筑,因建筑空间与外界的接口有限,为提高排烟效率,在排烟的同时必须进行补风,补风量和补风口规范都有具体的规定。

4)疏散设施

安全疏散设施是指设置于建筑中用于人员疏散和转移物资的疏散走道、疏散出口、楼梯间、避难层、避难间等设施,也可作为消防人员灭火救援的通道。规范中对这些疏散设施的设计均做了详细的要求,疏散设施的设计应符合相应规范的要求进行设计。在平常的使用中,应保证这些疏散设施的完好,不能被占用,以保证火灾情况下人员的安全疏散。此外,疏散指示标志和消防应急照明的设置对人员的安全疏散也起到重要作用。规范中规定,在疏散门上方、走廊下方、走廊转弯、楼梯间等重要地方均应设置消防应急照明和疏散指示标志,火灾情况下能自动切换,并保证一定的亮度,以保证人员的安全疏散。

5)消防给水系统

消防给水是指为室内消火栓、自动灭火系统提供水源的室外、室内消防管网、消防水池、消防水箱等设施。这些设施的完好与否直接关系火灾的扑救。资料表明,在已发生的火灾案件中,火灾失去控制大多与建筑消防给水系统不完善有密切关系。

6)灭火器材

灭火器材在很大程度上相当于一线的卫士,担负着扑灭或控制初期火灾的重任。灭火器材的配置是否符合要求,以及是否能及时维护,保持其完好可用性,都将决定着潜在火势的发展状况。根据《建筑灭火器配置设计规范》(GB 50140—2005),民用建筑灭火器配置场所的危险等级,应根据其使用性质、火灾危险性、可燃物数量、火灾蔓延速度及扑救难易程度等因素,划分为以下 3 级:

(1)严重危险级

功能复杂,用电用火多,设备贵重,火灾危险性大,可燃物多,起火后蔓延迅速或容易造成重大火灾损失的场所。

(2)中危险级

用电用火较多,火灾危险性较大,可燃物较多,起火后蔓延迅速的场所。

(3)轻危险级

用电用火较少,火灾危险性较小,可燃物较少,起火后蔓延较慢的场所。

第 3 章　火灾模拟的数学模型

火灾数值模拟的本质上是计算流体力学在火灾科学中的应用。其核心和基础就是在计算区域内通过适当的数值方法求解气相流场的守恒方程,从而获得任意时刻任一空间位置气体速度、温度、压力的分布。从本章开始,我们逐步深入学习数值模拟的数学基础,仍以 FDS 软件包所用到的数学方法为主。这些数学方法初读可能会显得晦涩,但理解其原理尽可能准确高效地进行火灾数值模拟的基础,我们将尽可能地将原理与其在 FDS 中的应用相结合。

3.1　气相流场流动与传热模拟

3.1.1　质量与组分输运

FDS 中采用"集成组分"的概念,即对混合在一起的气体组分,统一计算其输运方程,并进一步通过各自的体积分数来确定其分布。事实上,无论是集成组分,还是需要单独计算的原始组分,其输运方程都为

$$\frac{\partial}{\partial t}(\rho Z_\alpha) + \nabla \cdot (\rho Z_\alpha \boldsymbol{u}) = \nabla \cdot (\rho D_\alpha \, \nabla Z_\alpha) + \dot{m}_\alpha''' + \dot{m}_{b,\alpha}''' \tag{3.1}$$

式中,Z_α 表示某个集成组分或原始组分的质量分数,方程左边第一项表示组分随时间的变化,第二项表示对流对组分的影响;方程右边第一项为扩散项,表示扩散对组分的影响,第二和第三项为源项,即由液滴蒸发等原因增加的气相组分。

需要注意的是,尽管可通过求解唯一的输运方程来计算集成组分的输运,但在某些情况下,对某些原始组分仍然需要单独建立其输运方程。例如,当火灾场景中设置自动喷水灭火系统时,空气中的水蒸气一方面是喷水蒸发形成的(属于输运方程中的源项),另一方面是燃烧反应产生的(由集成组分"产物"的输运方程求解得到)。此时,就需要对水蒸气单独建立输运方程,以分别刻画这两种不同的来源。

对所有组分应用式(3.1)并相加起来,可得到

$$\frac{\partial \rho}{\partial t} + \nabla \cdot (\rho \boldsymbol{u}) = \dot{m}_b''' \tag{3.2}$$

这是典型的质量守恒方程。

默认情况下,参与火灾燃烧反应的物质,无论其具体成分如何,都分为"可燃物""产物"两个集成组分,并将空气视为背景气体,既非产物也非可燃物。例如,甲烷的燃烧可写为

$$CH_4 + 2(O_2 + 3.76N_2) \longrightarrow CO_2 + 2H_2O + 7.52N_2$$

如果采用集成组分的方式,则为

$$Fuel + 2Air \longrightarrow Products \tag{3.3}$$

具体每种原始组分的含量则通过其在集成组分中的比例来确定,即

$$\begin{pmatrix} 0.77 & 0.00 & 0.73 \\ 0.23 & 0.00 & 0.00 \\ 0.00 & 1.00 & 0.00 \\ 0.00 & 0.00 & 0.15 \\ 0.00 & 0.00 & 0.12 \end{pmatrix} \begin{pmatrix} Z_A \\ Z_F \\ Z_P \end{pmatrix} = \begin{pmatrix} Y_{N_2} \\ Y_{O_2} \\ Y_{CH_4} \\ Y_{CO_2} \\ Y_{H_2O} \end{pmatrix} \tag{3.4}$$

3.1.2 状态方程的低马赫数近似

流体力学中,马赫数表示流动速度与当地声速的比值。如果马赫数为 1,则表示流动速度与声速相同;如果马赫数大于 1,则表示运动是超过声速的;如果马赫数小于 1,则流动为亚声速的。

通常情况下,火灾中的火焰传播速度、气流流速等,绝大多数在 10 m/s 量级,低于空气中的声速一个数量级以上。因此,可认为火灾流场的流动是一种低马赫数的流动,即可忽略气体的压缩性和激波等因素对流场的影响。

Rehm 和 Baum 的研究表明,对低马赫数的流动,可将流场压力分解为"背景压力"和"扰动压力"两部分。如果计算区域内的一部分体积相对于其他体积是独立的(如火灾模拟中的一个房间),则可称为一个"压力区域"。每个"压力区域"具有自己的"背景压力"。在压力区域内的压力场是背景压力与扰动压力的线性组合。例如,对于区域 m 而言,则

$$p(x,t) = \bar{p}_m(z,t) + \tilde{\rho}(x,t) \tag{3.5}$$

背景压力是纵向空间坐标 z 与时间 t 的函数。对于大多数的火灾计算而言,$\bar{p}_m$ 随高度和时间的变化很小,因此可忽略。同时,由于脉动压力常常远小于背景压力,因此也可忽略其影响。这样,可假设温度和密度成反比关系,压力区域 m 内的状态方程可写为

$$\bar{p}_m = \rho TR \sum_{\alpha} \frac{Z_{\alpha}}{W_{\alpha}} = \frac{\rho TR}{\overline{W}} \tag{3.6}$$

在状态方程和能量方程中,用 $\bar{p}_m$ 替代压力,这样就忽略了按声速传播的声波的影响。

以下的几种情况,$\bar{p}_m$ 会发生变化:密闭空间内火焰引起了压力的增加;HVAC 系统影响了区域压力;计算区域的高度很大,压力在垂直方向的变化不可忽略。

将环境压力记为 $\bar{p}_0(z)$,并注意到角标 0 代表计算区域的外部,而不是 0 时刻。这相当于假定了环境压力为控制方程的初始条件和边界条件。当计算区域高度较大时,可得压力分布为

$$\frac{\mathrm{d}\bar{p}_0}{\mathrm{d}z} = -\rho_0(z)g \tag{3.7}$$

式中　ρ_0——背景密度;

　　　g——重力加速度,取 $9.8\ \mathrm{m/s^2}$。

基于式(3.7),背景压力可表达为

$$\bar{p}_0(z) = p_\infty \exp\left(-\int_{z_\infty}^{z} \frac{\overline{W}_g}{RT_0(z')}\mathrm{d}z'\right) \tag{3.8}$$

式中,下标无穷大代表地面。如果给定了温度随高度的变化,如 $T_0(z) = T_\infty + \Gamma z$,其中,$T_\infty$ 代表地面温度,Γ 表示降低率(如为绝热降低率)。可得出,当 $\Gamma \neq 0$ 时,压力分布可描述为

$$\bar{p}_0(z) = p_\infty \left(\frac{T_0(z)}{T_\infty}\right)^{\overline{W}_g R\Gamma} \tag{3.9}$$

3.1.3　能量方程与速度散度

基于低马赫数的假设,内能和焓之间可通过环境压力建立联系,即 $h = e + \bar{p}/\rho$。能量守恒方程可写为显焓的形式,即

$$\frac{\partial}{\partial t}(\rho h_s) + \nabla \cdot (\rho h_s \boldsymbol{u}) = \frac{D\bar{p}}{Dt} + \dot{q}''' + \dot{q}_b''' - \nabla \cdot \dot{q}'' \tag{3.10}$$

式中　$\dot{q}'''$——化学反应单位体积释放的热量;

　　　$\dot{q}_b'''$——亚网格尺度的粒子(液滴、颗粒)引起的能量变化;

　　　$\dot{q}''$——传导、对流、辐射传热。

其具体可表示为

$$\dot{q}'' = -k\nabla T - \sum_\alpha h_{s,\alpha}\rho D_\alpha \nabla Z_\alpha + \dot{q}_r'' \tag{3.11}$$

式中　k——热传导系数;

　　　D_α——扩散系数。

在 FDS 中,能量方程并不是直接求解,而是分解成形式

$$\nabla \cdot \boldsymbol{u} = \frac{1}{\rho h_s} \left[\frac{D}{Dt} (\bar{p} - \rho h_s) + \dot{q}''' + \dot{q}_r''' + \dot{q}_b''' - \nabla \cdot \dot{q}_r'' \right] \tag{3.12}$$

式(3.13)左边即速度散度。

定义组分 α 的焓变

$$h_\alpha = \int_{T_{\text{ref}}}^{T} c_{\text{p},\alpha}(T') \, \mathrm{d}T' \tag{3.13}$$

对第 m 个区域,背景压力的全导数可写为

$$\frac{D\bar{p}_\text{m}}{Dt} = \frac{\partial \bar{p}_\text{m}}{\partial t} + w \frac{\partial \bar{p}_\text{m}}{\partial z} = \frac{\partial \bar{p}_\text{m}}{\partial t} - w\rho_\text{m} g \tag{3.14}$$

速度散度为

$$\nabla \cdot \boldsymbol{u} = D - P \frac{\partial \bar{p}_\text{m}}{\partial t} \tag{3.15}$$

其中

$$P = \frac{1}{\bar{p}_\text{m}} - \frac{1}{\rho c_\text{p} T} \tag{3.16}$$

$$D = \frac{1}{\rho c_\text{p} T} \left[\dot{q}''' + \dot{q}_\text{b}''' + \dot{q}_\text{r}''' - \nabla \cdot \dot{q}'' - \boldsymbol{u} \cdot \nabla(\rho h_\text{s}) + w\rho_0 g_\text{z} \right] +$$
$$\frac{1}{\rho} \sum_\alpha \left(\frac{\overline{W}}{W_\alpha} - \frac{h_{\text{s},\alpha}}{c_\text{p} T} \right) \left[\nabla \cdot (\rho D_\alpha \nabla Y_\alpha) - \boldsymbol{u} \cdot \nabla(\rho Y_\alpha) + \dot{m}_\alpha''' + \dot{m}_{\text{b},\alpha}''' \right] \tag{3.17}$$

3.1.4 动量方程

如果读者接触过计算流体力学,就不会对大涡模拟(Large Eddy Simulation,LES)的概念感到陌生。简单而言,大涡模拟可理解为对空间进行的一种平均,也就是通过某种滤波函数将大尺度的湍流涡旋和小尺度的湍流涡旋分离,大尺度的涡直接模拟,小尺度的涡用模型封闭。

之所以引入大涡模拟,是因为处理火灾流场中随处可能存在的湍流流动。湍流流动表现出很强的非均匀与非稳态性,流场由于湍流的存在出现了许多大小不一的流体涡旋,如果直接求解每一个涡旋,就要求计算网格划分足够致密,能对所有的涡旋进行有效解析。如果模拟的计算区域足够小,计算机的运算能力又足够强大,这种直接求解的方式未尝不可。事实上,直接求解的方式称为湍流的直接数值模拟(Direct Numerical Simulation,DNS)。但在实际情况中,考虑火灾的空间尺度至少在几十甚至上百米量级,而湍流涡旋则可能小到毫米量级以下,对整个流场进行 DNS 求解从计算能力角度来看是不现实的。

因此,就需要设定一个特点的尺度(成为滤波宽度),大于该尺度的涡旋进行直接求解,而小于该尺度涡旋则采用特定的简化模型来模拟。从实际效果来看,大涡模拟不但大大节约了计算资源,而且所忽略的小涡旋对宏观流场的影响十分有限,即便进行简化计算也不会产生过大的误差。

通过宽度为 Δ 的滤波器,DNS 形式的质量、动量和能量守恒方程可变形为大涡模拟方程。就目的而言,完全可认为 LES 方程中的滤波器是一种网格平均。例如,一维的滤波后的密度对宽度为 Δ 的网格,即

$$\bar{\rho}(x,t) = \frac{1}{\Delta}\int_{x-\Delta/2}^{x+\Delta/2}\rho(r,t)\,\mathrm{d}r \tag{3.18}$$

在 FDS 中,滤波宽度即等于本地网格尺度,认为 $\Delta = \delta x$ 的过程称为隐式滤波。这种方式不会引起数值耗散。

更一般地,在三维笛卡儿坐标系中,对任意场变量 ϕ,进行网格滤波后的形式为

$$\bar{\phi}(x,y,z,t) \equiv \frac{1}{V_c}\int_{x-\frac{\delta x}{2}}^{x+\frac{\delta x}{2}}\int_{y-\frac{\delta y}{2}}^{y+\frac{\delta y}{2}}\int_{z-\frac{\delta z}{2}}^{z+\frac{\delta z}{2}}\varphi(x',y',z',t)\,\mathrm{d}x'\mathrm{d}y'\mathrm{d}z' \tag{3.19}$$

对速度的第 i 个分量,DNS 形式的守恒型动量方程可写为

$$\frac{\partial pu_i}{\partial t} + \frac{\partial}{\partial x_j}(\rho u_i u_i) = -\frac{\partial p}{\partial x_i} - \frac{\partial \tau_{ij}}{\partial x_j} + \rho g_i + f_{\mathrm{d},i} + \dot{m}_{\mathrm{b}}''' u_{\mathrm{b},i} \tag{3.20}$$

式中　$f_{\mathrm{d},i}$——粒子的曳力;

$\dot{m}_{\mathrm{b}}''' u_{\mathrm{b},i}$——液滴的蒸发或固相的热解。

直接数值模拟要求,网格的尺度要小于 Kolmogorov 尺度,即

$$\eta \equiv \left(\frac{\nu^3}{\varepsilon}\right)^{\frac{1}{4}} \tag{3.21}$$

式中　ν——运动黏度;

ε——湍流耗散率,即

$$\varepsilon \equiv \tau_{ij}\frac{\partial u_i}{\partial x_j} = 2\mu\left(S_{ij}S_{ij} - \frac{1}{3}(\nabla \cdot \boldsymbol{u})^2\right);\quad S_{ij} \equiv \frac{1}{2}\left(\frac{\partial u_i}{\partial x_j} + \frac{\partial u_j}{\partial x_i}\right) \tag{3.22}$$

据此计算,火灾的 Kolmogorov 尺度约在毫米量级,对一个边长为 10 m 的立方体区域,也需要约 10 万亿个网格,计算这样的网格需要的计算资源是惊人的。

实际上,对绝大多数在数十、数百米量级的火灾场景,可接受的最小网格尺寸一般也在数十厘米量级。因此,将前文提及的按网格进行平均的场变量代入动量方程中,得

$$\frac{\partial \overline{pu_i}}{\partial t} + \frac{\partial}{\partial x_j}(\overline{\rho u_i u_i}) = -\frac{\partial \bar{p}}{\partial x_i} - \frac{\partial \bar{\tau}_{ij}}{\partial x_j} + \bar{\rho}g_i + \bar{f}_{\mathrm{d},i} + \overline{\dot{m}_{\mathrm{b}}''' u_{\mathrm{b},i}} \tag{3.23}$$

式(3.23)中,网格平均值 $\overline{\rho u_i u_i}$ 暂时是无法求解。因此,整个方程也无法求解。

进一步地,对式(3.23)进行 Favre 滤波,即

$$\frac{\partial \bar{\rho}\,\widetilde{u}_i}{\partial t} + \frac{\partial}{\partial x_j}(\bar{\rho}\,\widetilde{u_i u_j}) = -\frac{\partial \bar{p}}{\partial x_i} - \frac{\partial \overline{\tau}_{ij}}{\partial x_j} + \bar{\rho}g_i + \overline{f}_{\mathrm{d},i} + \overline{\dot{m}_\mathrm{b}'''\widetilde{u}_{\mathrm{b},i}} \tag{3.24}$$

式(3.24)中,如果 $\bar{\rho}$ 可以计算,则方程左侧第一项已可以封闭,但方程的第二项中仍然存在 $\widetilde{u_i u_j}$。显然,不能想当然地用平均的平方代替平方的平均。

因此,引入"亚网格应力"的概念

$$\tau_{ij}^{\mathrm{sgs}} \equiv \bar{\rho}(\widetilde{u_i u_j} - \widetilde{u}_i \widetilde{u}_j) \tag{3.25}$$

代入式(3.25),得

$$\frac{\partial \bar{\rho}\,\widetilde{u}_i}{\partial t} + \frac{\partial}{\partial x_j}(\bar{\rho}\,\widetilde{u}_i \widetilde{u}_j) = -\frac{\partial \bar{p}}{\partial x_i} - \frac{\partial \overline{\tau}_{ij}}{\partial x_j} - \frac{\partial \tau_{ij}^{\mathrm{sgs}}}{\partial x_j} + \bar{\rho}g_i + \overline{f}_{\mathrm{d},i} + \overline{\dot{m}_\mathrm{b}'''}\widetilde{u}_{\mathrm{b},i} \tag{3.26}$$

方程中仅剩亚网格应力 τ_{ij}^{sgs} 一个未知量。

对 τ_{ij}^{sgs},需要引入牛顿黏性定律作为本构关系,总的偏应力为

$$\tau_{ij}^{\mathrm{dev}} \equiv \overline{\tau}_{ij} + \tau_{ij}^{\mathrm{sgs}} - \frac{1}{3}\tau_{kk}^{\mathrm{sgs}}\delta_{ij} = -2(\mu+\mu_\mathrm{t})\left(\widetilde{S}_{ij} - \frac{1}{3}(\nabla\cdot\widetilde{u})\delta_{ij}\right) \tag{3.27}$$

其中,δ_{ij} 在 i 与 j 相等时,取 1;在 i 与 j 不相等时,取 0。

亚网格应力的各向同性部分需要体现在压力项中,定义亚网格湍动能为亚网格应力的 $1/2$,即

$$k_{\mathrm{sgs}} = \frac{1}{2}\tau_{kk}^{\mathrm{sgs}} \tag{3.28}$$

令经过滤波修正后的压力为

$$\bar{p} \equiv \bar{p} + \frac{2}{3}k_{\mathrm{sgs}} \tag{3.29}$$

代入 LES 形式的动量方程中,有

$$\frac{\partial \bar{\rho}\,\widetilde{u}_i}{\partial t} + \frac{\partial}{\partial x_j}(\bar{\rho}\,\widetilde{u}_i \widetilde{u}_j) = -\frac{\partial \bar{p}}{\partial x_i} - \frac{\partial \tau_{ij}^{\mathrm{dev}}}{\partial x_j} + \bar{\rho}g_i + \overline{f}_{\mathrm{d},i} + \overline{\dot{m}_\mathrm{b}'''}\widetilde{u}_{\mathrm{b},i} \tag{3.30}$$

至此,只需要对湍流黏度 μ_t 进行合理建模,即能使所有的输运方程封闭。我们将在下一节中展开讨论。

3.1.5 湍流黏度模型

默认情况下,FDS 采用 Deardorff 模型来刻画湍流黏度,即

$$\mu_\mathrm{t} = \rho C_\mathrm{v}\Delta\sqrt{k_{\mathrm{sgs}}}\,; \quad k_{\mathrm{sgs}} = \frac{1}{2}((\bar{u}-\hat{\bar{u}})^2 + (\bar{v}-\hat{\bar{v}})^2 + (\bar{w}-\hat{\bar{w}})^2) \tag{3.31}$$

式中 $\bar{u}$——经过滤波后网格中心点处的平均速度;

$\hat{\bar{u}}$——相邻网格的加权平均速度，即

$$\bar{u}_{ijk}=\frac{u_{ijk}+u_{i-1,jk}}{2}; \quad \hat{\bar{u}}_{ijk}=\frac{\bar{u}_{ijk}}{2}+\frac{\bar{u}_{i-1,jk}+\bar{u}_{i+1,jk}}{4} \tag{3.32}$$

C_v——模型常数，默认取 0.1。

在之前版本的 FDS（版本 1—版本 5）中，采用 Smagorinsky 模型，即

$$\mu_t=\rho(C_s\Delta)^2|S|; \quad |S|=\left(2S_{ij}S_{ij}-\frac{2}{3}(\nabla\cdot\boldsymbol{u})^2\right)^{\frac{1}{2}} \tag{3.33}$$

其中，模型参数 C_s 取 0.2。

除此以外，湍流模型还有 Vreman 模型和重整化群模型（Renormalization Group，RNG）等。

Vreman 模型采用泰勒级数展开湍流黏度场，并认为

$$\mu_t=\rho c\sqrt{\frac{B_\beta}{\alpha_{ij}\alpha_{ij}}} \tag{3.34}$$

式中

$$B_\beta=\beta_{11}\beta_{22}-\beta_{12}^2+\beta_{11}\beta_{33}-\beta_{13}^2+\beta_{22}\beta_{33}-\beta_{23}^2; \quad \beta_{ij}=\Delta_m^2\alpha_{mi}\alpha_{mj} \tag{3.35}$$

$$\alpha_{ij}=\frac{\partial u_j}{\partial x_i} \tag{3.36}$$

默认模型常数 c 取值为 0.07。

RNG 模型的核心思想在于计算有效湍流黏度，即黏度与湍流黏度的和

$$\mu_{eff}=\mu\left[1+H\left(\frac{\mu_s^2\mu_{eff}}{\mu^3}-C\right)\right]^{\frac{1}{3}} \tag{3.37}$$

式中，μ_s 即 Smagorinsky 湍流黏度；$H(x)$ 在 x 大于 0 时取值为 x，x 小于 0 时取值为 0。该模型的主要特征在于，在湍流强度较大时，其效果等同于 Smagorinsky 模型，而湍流强度不大时则不会起作用。其中，常数 C 起到对模型分段取值的作用，默认 $C=10$。

对能量和组分的扩散，采用计算式

$$k_t=\frac{\mu_t c_p}{Pr_t}; (\rho D)_t=\frac{\mu_t}{Sc_t} \tag{3.38}$$

式中，Pr_t，Sc_t 分别为湍流普朗特数和施密特数。对特定的场景，两者的值是确定的。默认情况下，两者均取值为 0.5。

3.1.6　热辐射

气相热传导和辐射由能量方程中热流向量的散度表示，$\nabla\cdot\dot{\boldsymbol{q}}''$。本章具体探讨辐射项 $\dot{\boldsymbol{q}}_r''$ 的求解。

对吸收、发射、散射媒介,辐射输运方程为

$$s \cdot \nabla I_\lambda(\boldsymbol{x}, \boldsymbol{s}) = \underbrace{-\kappa(\boldsymbol{x}, \lambda) I_\lambda(\boldsymbol{x}, \boldsymbol{s})}_{\text{Energy loss by absorption}} - \underbrace{\sigma_s(\boldsymbol{x}, \lambda) I_\lambda(\boldsymbol{x}, \boldsymbol{s})}_{\text{Energy loss by scattering}} +$$

$$\underbrace{B(\boldsymbol{x}, \lambda)}_{\text{Emission source term}} + \underbrace{\frac{\sigma_s(\boldsymbol{x}, \lambda)}{4\pi} \int_{4\pi} \varphi(\boldsymbol{s}', \boldsymbol{s}) I_\lambda(\boldsymbol{x}, \boldsymbol{s}') \mathrm{d}\boldsymbol{s}'}_{\text{In-scattering term}} \tag{3.39}$$

式中 $I_\lambda(\boldsymbol{x}, \boldsymbol{s})$——波长为 λ 的辐射强度;

$\boldsymbol{s}$——这一强度的方向向量;

$\sigma_s(\boldsymbol{x}, \lambda), \kappa(\boldsymbol{x}, \lambda)$——本地的散射和吸收系数;

$B(\boldsymbol{x}, \lambda)$——发射源项,描述了本地气体混合物、烟气和散发热量的多少。

在实际模拟中,辐射方程并不能直接求解,而是将其按辐射光谱划分为微小的波段,并针对每个波段构建差分方程。例如,对非散射性波段的辐射方程可写作为

$$s \cdot \nabla I_n(\boldsymbol{x}, \boldsymbol{s}) = B_n(\boldsymbol{x}) - \kappa_n(\boldsymbol{x}) I_n(\boldsymbol{x}, \boldsymbol{s}) \qquad n = 1, \cdots, N \tag{3.40}$$

式中 I_n——波段 n 的强度积分;

κ_n——该波段的吸收系数。

每个波段的强度确定后,总强度即各个波段的总和,即

$$I(\boldsymbol{x}, \boldsymbol{s}) = \sum_{n=1}^N I_n(\boldsymbol{x}, \boldsymbol{s}) \tag{3.41}$$

波段 n 的辐射源项可表示为

$$B_n(\boldsymbol{x}) = \kappa_n(\boldsymbol{x}) I_{b,n}(\boldsymbol{x}) \tag{3.42}$$

式中 $I_{b,n}(\boldsymbol{x})$——特定温度下的黑体辐射分数,即

$$I_{b,n}(\boldsymbol{x}) = F_n(\lambda_{\min}, \lambda_{\max}) \frac{\sigma T(\boldsymbol{x})^4}{\pi} \tag{3.43}$$

式中 σ——Stefan-Boltzmann 常数。

绝大多数火灾工况下,火灾烟气是产生辐射最重要的来源。由于烟气的辐射光谱是连续的,因此,可假设气体为灰色介质。FDS 基于这一简化,辐射源项直接采用黑体辐射来计算,即

$$I_b(\boldsymbol{x}) = \frac{\sigma T(\boldsymbol{x})^4}{\pi} \tag{3.44}$$

然而,对产烟较少的燃烧,灰色气体假设可能对辐射的发出估计过高。已有研究表明,对大多数的气相组分,可采用 6 个波段的分段计算得到比较精确的解。

辐射分数确定后,辐射热流量可计算为

$$\dot{\boldsymbol{q}}_r''(\boldsymbol{x}) = \int_{4\pi} \boldsymbol{s}' I(\boldsymbol{x}, \boldsymbol{s}') \mathrm{d}\boldsymbol{s}' \tag{3.45}$$

气相对能量方程中辐射热损失的贡献体现在

$$-\nabla \cdot \dot{\boldsymbol{q}}_r''(\boldsymbol{x})\,(\mathrm{gas}) = \kappa(\boldsymbol{x})\big[U(\boldsymbol{x}) - 4\pi I_b(\boldsymbol{x})\big]; \quad U(\boldsymbol{x}) = \int_{4\pi} I(\boldsymbol{x},\boldsymbol{s}')\,\mathrm{d}\boldsymbol{s}' \quad (3.46)$$

对 N 个波段,则有

$$-\nabla \cdot \dot{\boldsymbol{q}}_r''(\boldsymbol{x})\,(\mathrm{gas}) = \sum_{n=1}^{N} \kappa(\boldsymbol{x}) U_n(\boldsymbol{x}) - 4\pi B_n(\boldsymbol{x}); \quad U_n(\boldsymbol{x}) = \int_{4\pi} I_n(\boldsymbol{x},\boldsymbol{s}')\,\mathrm{d}\boldsymbol{s}'$$

$$(3.47)$$

3.2　燃烧化学反应

　　火灾的本质是一种燃烧现象。燃烧化学反应的模拟是火灾数值模拟的重要内容。燃烧反应是一个十分复杂的变化,从化学动力学角度来看,一个简单的燃烧反应式可能由几百甚至数千个基元反应组成。鉴于火灾模拟的重点并不在于深入关注燃烧反应的细节,为优化配置计算资源,FDS 默认采用混合控制的燃烧模型,即假设可燃物与氧气间的反应速度是无穷大的,只要两者充分混合,立刻发生反应并生成燃烧产物。尽管可能有许多不同的化学反应出现在火灾中,但在 FDS 中,默认只需设置一个贯穿全局的气相反应,液体或固体的燃烧统一换算为该气相反应。

　　从数学方法角度来看,燃烧模型决定了组分方程中单位体积内组分 α 的平均质量生成率 $\dot{m}_\alpha'''$,以及能量方程中单位体积的热释放速率 $\dot{q}'''$。

3.2.1　集成组分

　　前文提到,在 FDS 模拟中,采用了"集成组分"的概念,即将所有参与化学反应的组分分为 3 组:燃料、空气、产物,统一考虑反应

$$\mathrm{Fuel + Air \longrightarrow Products}$$

式中,Fuel,Air,Products 均为集成组分,具体参与反应的组分的变化体现为集成组分中各原始组分所占比例的变化。

　　对于一个简单的碳氢化合物的反应,反应物通常包括燃料、氧气和氮气,产物为二氧化碳、水和氮气,这些原始组分可用一个成分向量表示,即

$$\boldsymbol{Y} = (Y_{\mathrm{CH_4}}\,Y_{\mathrm{O_2}}\,Y_{\mathrm{N_2}}\,Y_{\mathrm{CO_2}}\,Y_{\mathrm{H_2O}})^{\mathrm{T}} \tag{3.48}$$

　　集成组分是由所有流场中的原始组分分组构成的。例如,空气可认为是氧气、氮气和少量水蒸气与二氧化碳的组合。集成组分方法假设全部组分一起输运(即扩散率相等)并一起参与反应。

　　例如,典型甲烷燃烧的单步反应

$$\mathrm{CH_4 + 2O_2 + 7.52N_2 \longrightarrow CO_2 + 2H_2O + 7.52N_2} \tag{3.49}$$

采用集成组分的方式可描述为

$$9.52\underbrace{(0.21O_2+0.79N_2)}_{Air,Z_0}+\underbrace{CH_4}_{Fuel,Z_1}\longrightarrow10.52\underbrace{(0.095CO_2+0.19H_2O+0.715N_2)}_{Products,Z_2}\quad(3.50)$$

即 9.52 mol 空气与 1 mol 燃料生产 10.52 mol 产物。注意到原始组分已组合成了集成组分,集成组分的化学计量数是由原始组分化学计量数组合得出的。同时,为了满足原子守恒,FDS 内部对集成组分的体积分数进行了归一化,并对集成组分的化学计量数进行必要的修正。

原始组分和集成组分之间可通过线性变换来得到,即

$$Y=AZ$$

式中,A 为变换矩阵,每一列对应一个集成组分,每一个元素对应该集成组分中各原始组分的质量分数。就甲烷燃烧的例子而言,上式可具体化为

$$A=\begin{pmatrix}Y_{O_2}\\Y_{N_2}\\Y_{CH_4}\\Y_{CO_2}\\Y_{H_2O}\end{pmatrix}=\begin{pmatrix}0.233&0&0&0\\0.767&0&0&0.7248\\0&1&0&0\\0&0&0&0.1514\\0&0&0&0.1238\end{pmatrix}\begin{pmatrix}0.3\\0.2\\0.5\end{pmatrix}=\begin{pmatrix}0.0699\\0.5925\\0.2000\\0.0757\\0.0619\end{pmatrix}\quad(3.51)$$

根据向量与矩阵运算的基本法则,可容易地得到

$$Z=BY;B=(A^TA)^{-1}A^T$$

FDS 中简化的通用化学反应可描述为

$$\nu_0\underbrace{(v_{O_2,0}O_2+v_{N_2,0}N_2+v_{H_2O,0}H_2O+v_{CO_2,0}CO_2)}_{Background,Z_0}+\nu_1\underbrace{C_mH_nO_aN_b}_{Fuel,Z_1}\longrightarrow$$
$$\nu_2\underbrace{(v_{CO_2,2}CO_2+v_{H_2O,2}H_2O+v_{N_2,2}N_2+v_{CO,2}CO+v_{S,2}Soot)}_{Products,Z_2}\quad(3.52)$$

默认情况下,一氧化碳和烟气在产物中的质量分数均为 0。

3.2.2 湍流燃烧

1)混合控制的快速反应模型

绝大多数的火灾模拟应用中,FDS 默认的"混合即燃烧"的假设是适用的。燃料的反应源项通过 EDC 模型来描述,即

$$\dot{m}_F'''=-\rho\frac{\min\left(Z_F,\dfrac{Z_A}{s}\right)}{\tau_{mix}}\quad(3.53)$$

式中 Z_F,Z_A——燃料和空气两种集成组分的质量分数;

s——空气的化学计量数;

τ_{mix}——混合时间尺度,需要构建模型来求解。

EDC 模型表面燃料的消耗速度与当地反应物浓度与混合速率成正比。

单位体积热释放速率由各组分质量生成速率和各自生成热相乘并累加得到,即

$$\dot{q}_r''' = - \sum_\alpha \dot{m}_\alpha''' \Delta h_{f,\alpha}^0 \tag{3.54}$$

混合控制的燃烧模型有一个较大的弊端,即该模型假设相互接触的燃料和氧气始终会发生反应,而不论温度、浓度等条件是否达到着火的要求。对大尺度、通风充分的火灾,这种近似也许有其合理性,但如果火灾通风不畅,或考虑了水雾灭火等因素,这样的近似显然并不够准确。

然而,火焰的抑制与熄灭的模拟往往是十分复杂和困难的,特别是亚网格尺度内,即使最简单的模型也需要对火焰温度和本地应变率能够精确求解,而 FDS 的大涡模拟本身并不便于得到这些数据。

因此,FDS 通过求解网格内的组分浓度和平均网格温度来经验地判断燃烧反应能否维持。默认的 FDS 火灾熄灭模型基于"临界火焰温度"的概念,包含以下两个部分:

①如果网格温度低于网格中所有燃料的自动点火温度(AIT),则燃烧反应熄灭。各种燃料的自动点火温度默认为 0。

②如果当量反应物潜在的热释放量不足以使其达到临界火焰温度时,燃烧反应也会停止。

上述第二条中,考虑基本的集成组分反应 Fuel+Air ⟶ Products,以 s 代表单位质量燃料消耗的空气的量,则

$$\hat{Z}_F = \min\left(Z_F, \frac{Z_A}{s} \right) \tag{3.55}$$

$$\hat{Z}_A = s\hat{Z}_F \tag{3.56}$$

则

$$\frac{\hat{Z}_P}{\hat{Z}_A} = \frac{\overbrace{Z_F - \hat{Z}_F}^{\text{unburned fuel}} + Z_P}{Z_A} \tag{3.57}$$

即多余的可燃物对燃烧有抑制作用,而多余空气则不会有。临界火焰温度判定基于公式

$$\hat{Z}_F(h_F(T) + \Delta h_{c,F}) + \hat{Z}_A h_A(T) + \hat{Z}_P h_P(T) < \hat{Z}_F h_F(T_{\text{CFT}}) + \hat{Z}_A h_A(T_{\text{CFT}}) + \hat{Z}_P h_P(T_{\text{CFT}}) \tag{3.58}$$

式中　T——单元格内的初始平均温度;

T_{CFT}——临界火焰温度。

当式(3.58)成立时,则火焰熄灭。

2）反应时间尺度

既然反应速度由混合控制,则混合的速度决定了燃烧反应的速度,进而决定了反应物消耗、生成物生成以及反应热释放的速度,考虑

$$\dot{m}_F''' = -\rho \frac{\min\left(Z_F, \dfrac{Z_A}{s}\right)}{\tau_{mix}} \tag{3.59}$$

确定是混合时间尺度 τ_{mix} 即成为燃烧模拟的关键。混合时间尺度与流动状态有关,FDS 中,计算程序综合考虑扩散、亚网格对流和浮力加速 3 个物理因素,然后通过选取三者当中最快作为计算混合时间尺度的依据。

更具体地讲,扩散、亚网格对流和浮力加速 3 个因素与网格的尺寸(即 LES 的滤波宽度)有关,随着滤波宽度的变化,各因素所对应的混合时间尺度也不同。图 3.1 给出了这一变化关系。

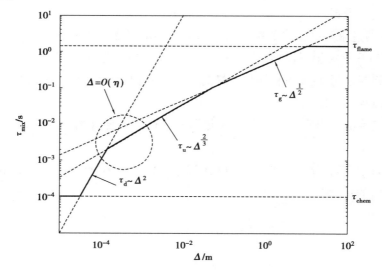

图 3.1　FDS 反应时间尺度模型

图 3.1 中,横轴代表滤波宽度,纵轴代表反应时间尺度,黑色粗线代表选取的反应时间尺度。注意到反应特征时间一定要大于等于化学特征时间,故在滤波宽度很小时,混合特征时间取化学特征时间。在略大一些尺度上,混合时间与滤波宽度的平方成正比,因为此时混合是由分子扩散主导的。以这样的网格密度来求解的数值模拟方法是直接数值模拟(DNS)。当滤波宽度 Δ 小于 Kolmogorov 尺度 η （最小湍流涡旋的尺度,假定施密特数 S_c 为 1)时,这一比例是合适的。对足够高雷诺数的流动,随着滤波宽度的增加,反应时间尺度进入 τ_u 区,这一区域湍流主导着混合速率,混合时间尺度是滤波宽度的 2/3 次方。大多数 LES 亚网格模型都处于这一区域。火焰与湍流燃烧不同,通常雷诺数都不是很高。随着滤波宽度的继续增加,LES 模型进入惯性子区。此时,认为混合时间尺度

由浮力加速确定，τ_g 与滤波宽度的平方根成正比。随着滤波宽度的增加，混合时间尺度进一步增加，但最大不会超过火焰的尺度，因为可燃物至少处于一个网格之中。

用公式来表达，即

$$\tau_{\mathrm{mix}} = \max\left(\tau_{\mathrm{chem}}, \min\left(\tau_{\mathrm{d}}, \tau_{\mathrm{u}}, \tau_{\mathrm{g}}, \tau_{\mathrm{flame}}\right)\right) \tag{3.60}$$

其中

$$\tau_{\mathrm{d}} = \frac{\Delta^2}{D_{\mathrm{F}}} \tag{3.61}$$

$$\tau_{\mathrm{u}} = \frac{C_{\mathrm{u}}\Delta}{\sqrt{\left(\dfrac{2}{3}\right)k_{\mathrm{sgs}}}} \tag{3.62}$$

$$\tau_{\mathrm{g}} = \sqrt{\frac{2\Delta}{g}} \tag{3.63}$$

式中　D_{F}——扩散系数；

常数 C_{u} 默认取 0.4。

3）有限速率模拟（Arrhenius 反应）

对一个简单的单步反应

$$a\mathrm{A} + b\mathrm{B} \longrightarrow c\mathrm{C} + d\mathrm{D} \tag{3.64}$$

反应物 A 的浓度变化可表述为

$$\frac{\mathrm{d}C_{\mathrm{A}}}{\mathrm{d}t} = -kC_{\mathrm{A}}^a C_{\mathrm{B}}^b \tag{3.65}$$

式中　k——速率常数。

对集成组分 F，当期发生燃烧时，第 i 个反应的燃烧速率为

$$r_{\mathrm{F},i} = -k\prod C_{\alpha}^{a_{\alpha,i}} \tag{3.66}$$

根据 Arrhenius 方程，反应速率常数 k 的表达式为

$$k_i = A_i T^{n_i} \mathrm{e}^{\frac{-E_{a,i}}{RT}} \tag{3.67}$$

式中　k_i——第 i 个反应的速率常数；

A_i——前置因子；

n_i——温度指数；

E_i——活化能。

对特定组分 α，反应速率可通过化学计量比计算，即

$$r_{\alpha,i} = \left(\frac{V_{\alpha,i}}{V_{\mathrm{F},i}}\right)\gamma_{\mathrm{F},i} \tag{3.68}$$

组分 α 的浓度变化进一步表达为

$$\frac{\mathrm{d}C_\alpha}{\mathrm{d}t} = \sum_i r_{\alpha,i} \tag{3.69}$$

在 FDS 中,更多地使用质量分数来进行计算。同时,为了统一单位,上述模型一般写为

$$r'_{\mathrm{F},i} = -A'_i\rho^{\sum a_{\alpha,i}} T^{ni} \mathrm{e}^{\frac{-E_i}{RT}} \prod Y_\alpha^{a_{\alpha,i}} \quad [=] \quad \left(\frac{\mathrm{kgF}}{\mathrm{m}^3 \cdot \mathrm{s}}\right) \tag{3.70}$$

其中

$$A'_i = A_i \left(\prod \left[W_\alpha \times 1\,000\mathrm{J}^{-a_{\alpha,i}}\right] \times \left(\frac{1\ \mathrm{kmol}}{10^3\ \mathrm{mol}}\right) \times \left(\frac{10^6\ \mathrm{cm}^3}{1\ \mathrm{m}^3}\right) \times W_\mathrm{F} \tag{3.71}$$

而

$$r'_{\alpha,i} = \left(\frac{v_{\alpha,i} W_\alpha}{v_{\mathrm{F},i} W_\mathrm{F}}\right) r'_{\mathrm{F},i} \quad [=] \quad \left(\frac{\mathrm{kg}\alpha}{\mathrm{m}^3 \cdot \mathrm{s}}\right) \tag{3.72}$$

$$\frac{\mathrm{d}\hat{Y}}{\mathrm{d}t} = \frac{1}{\rho} \sum_i r'_{\alpha,i} \quad [=] \quad \left(\frac{\mathrm{kg}\alpha}{\mathrm{kg} \cdot \mathrm{s}}\right) \tag{3.73}$$

3.2.3 固体热传导

FDS 假设固体表面由许多个层构成,每个层又含有多种材料。热传导假定只在垂直表面的方向进行。

对固相应用一维热传导方程,x 轴方向指向固体内部,$x=0$ 代表固体表面,则

$$\rho_\mathrm{s} c_\mathrm{s} \frac{\partial T_\mathrm{s}}{\partial t} = \frac{\partial}{\partial x}\left(k_\mathrm{s} \frac{\partial T_\mathrm{s}}{\partial x}\right) + \dot{q}_\mathrm{s}''' \tag{3.74}$$

其中,源项 $\dot{q}_\mathrm{s}'''$ 包含了化学反应和辐射吸收两部分内容

$$\dot{q}_\mathrm{s}''' = \dot{q}_{\mathrm{s,c}}''' + \dot{q}_{\mathrm{s,r}}''' \tag{3.75}$$

固体表面的边界条件可描述为

$$-k_\mathrm{s} \frac{\partial T_\mathrm{s}}{\partial x}(0,t) = \dot{q}_\mathrm{c}'' + \dot{q}_\mathrm{r}'' \tag{3.76}$$

式中　　$\dot{q}_\mathrm{c}''$——对流热通量;

　　　　$\dot{q}_\mathrm{r}''$——辐射热通量。

如果假设辐射渗透到深处,则表面辐射项取 0。

在背面上有两种可能的边界条件:

①如果背面是向周围的空白区域或计算区域的其他部分开敞的,背面的边界条件与正面相似。

②如果背面是完全绝热的,则采用绝热条件

$$-k_{\mathrm{s}}\frac{\partial T_{\mathrm{s}}}{\partial x}=0 \qquad (3.77)$$

1）固体辐射热交换

如果假设周围气体向固体的热辐射通过一个无限薄的层进入固体,则净辐射热通量等于进入的热通量与流出的热通量的差,即

$$\dot{q}_{\mathrm{r}}''=\dot{q}_{\mathrm{r,in}}''-\dot{q}_{\mathrm{r,out}}'' \qquad (3.78)$$

其中

$$\dot{q}_{\mathrm{r,in}}''=\varepsilon\int_{s'\cdot n_{\mathrm{w}}<0}I_{\mathrm{w}}(s')\,|s'\cdot \boldsymbol{n}_{\mathrm{w}}|\mathrm{d}\Omega \qquad (3.79)$$

$$\dot{q}_{\mathrm{r,out}}''=\varepsilon\sigma_{\mathrm{w}}^{4} \qquad (3.80)$$

多数情况下,实际的固体不是完全"透明"的,热辐射只能在固体内到达有限的深度。基于 Schuster-Schwarzschild 近似,辐射强度分布在"向前"和"向后"的两个半球内,以向前为例,则

$$\frac{1}{2}\frac{\mathrm{d}I^{+}(x)}{\mathrm{d}x}=k_{\mathrm{s}}(I_{\mathrm{b}}-I^{+}(x)) \qquad (3.81)$$

式中　x——与固体表面的距离;

　　　k_{s}——组分平均吸收系数,即

$$k_{\mathrm{s}}=\sum_{\alpha=1}^{N_{\mathrm{m}}}X_{\alpha}k_{\mathrm{s},\alpha} \qquad (3.82)$$

式(3.82)乘以 π,可得到"向前"的部分进入固体的辐射热通量

$$\frac{1}{2}\frac{\mathrm{d}\dot{q}_{\mathrm{r}}^{+}(x)}{\mathrm{d}x}=k_{\mathrm{s}}(\sigma T_{\mathrm{s}}^{4}-\dot{q}_{\mathrm{r}}^{+}(x)) \qquad (3.83)$$

在固体表面,该方程有边界条件

$$\dot{q}_{\mathrm{s,r}}^{+}(0)=\dot{q}_{\mathrm{r,in}}''+(1-\varepsilon)\dot{q}_{\mathrm{r}}^{-}(0) \qquad (3.84)$$

式中　$\dot{q}_{\mathrm{r}}^{-}(0)$——固体表面处"向后"的辐射热通量。

同理,可得到"向后"辐射热通量的表达式,则热传到方程中辐射热的计算方法为

$$\dot{q}_{\mathrm{s,r}}'''(x)=\frac{\mathrm{d}\dot{q}_{\mathrm{r}}^{+}(x)}{\mathrm{d}x}+\frac{\mathrm{d}\dot{q}_{\mathrm{r}}^{-}(x)}{\mathrm{d}x} \qquad (3.85)$$

2）固体对流换热

对于 DNS 模拟而言,固体表面与气体间的对流换热可直接通过温度梯度计算,即

$$\dot{q}_{\mathrm{c}}''=-k\frac{\partial T}{\partial n}=-k\frac{T_{\mathrm{w}}-T_{\mathrm{g}}}{\frac{\delta n}{2}} \qquad (3.86)$$

式中　K——气体换热系数；

　　　n——指向固体的方向；

　　　δn——n 方向上的网格距离；

　　　T_{w}，T_{g}——固体表面温度和贴临该表面的气体的温度。

对 LES 模拟，对流换热系数综合考虑自然换热和强制换热，即

$$\dot{q}_{\mathrm{c}}'' = h(T_{\mathrm{g}} - T_{\mathrm{w}});$$
$$h = \max\left[C \mid T_{\mathrm{g}} - T_{\mathrm{w}} \mid^{\frac{1}{3}}, \frac{k}{L} Nu \right] \tag{3.87}$$

式中　C——自然换热经验常数，对水平表面取 1.52，其他表面取 1.31；

　　　Nu——努塞尔数，与几何条件和流动特征有关，默认表达式为

$$Nu = C_1 + C_2 Re^n Pr^m \tag{3.88}$$

其中

$$Re = \frac{\rho \mid \boldsymbol{u} \mid L}{\mu} \tag{3.89}$$

$$Pr = 0.7 \tag{3.90}$$

模型常数默认 $C_1 = 0$，$C_2 = 0.037$，$n = 0.8$，$m = 0.33$，$L = 1$。对圆柱形表面，$C_1 = 0$，$C_2 = 0.683$，$n = 0.466$，$m = 0.33$，L 取圆柱直径；对球星表面，$C_1 = 2$，$C_2 = 0.6$，$n = 0.5$，$m = 0.33$，L 取球的直径。

3.2.4　固体与液体的燃烧

这一节关注热传导方程式（3.75）中的化学反应源项 $\dot{q}_{\mathrm{s,c}}'''$。很多时候，火灾数值模拟是对给定的火灾，预测其烟气和高温气体发生的变化，即火源的热释放速率为已知量。这种情况下，燃烧固体表面的质量变化可通过用户给定的随时间变化的热释放速率来计算，即

$$\dot{m}_{\mathrm{f}}'' = \frac{f(t)\,\dot{q}_{\mathrm{user}}''}{\Delta H_{\mathrm{c}}} \tag{3.91}$$

式中　$\dot{m}_{\mathrm{f}}''$——燃烧材料单位固体表面的质量变化率；

　　　$\dot{q}_{\mathrm{user}}''$——用户给定的热释放速率；

　　　$f(t)$——热释放速率随时间变化函数。

同时，固体的组分也可参与化学反应。对 α，密度的变化可遵循固相组分守恒方程

$$\frac{\partial}{\partial t}\left(\frac{\rho_{\mathrm{s,\alpha}}}{\rho_{\mathrm{s}}(0)} \right) = -\sum_{\beta=1}^{N_{\mathrm{r,\alpha}}} r_{\alpha\beta} + S_{\alpha} \tag{3.92}$$

式中 $N_{r,\alpha}$——组分 α 参与的反应数;

$r_{\alpha\beta}$——反应 β 的速率;

$\rho_s(0)$——密度的初始值;

S_α——其他组分反应引起的组分 α 的变化。

反应速率 $r_{\alpha\beta}$ 由固相和气相的状态决定,计算方式为 Arrhenius 函数和幂函数的组合,即

$$r_{\alpha\beta} = \underbrace{\left(\frac{\rho_{s,\alpha}}{\rho_s(0)}\right)^{n_{s,\alpha\beta}}}_{\text{Reactant dependency}} \underbrace{A_{\alpha\beta}\exp\left(-\frac{E_{\alpha\beta}}{RT_s}\right)}_{\text{Arrhenius function}} \underbrace{\left[X_{O_2}(x)\right]^{n_{O_2,\alpha\beta}}}_{\text{Oxidation function}} \underbrace{\max\left[0, S_{\text{thr},\alpha,\beta}\right)(T_s - T_{\text{thr},\alpha\beta})\right]^{n_{t,\alpha\beta}}}_{\text{Power function}}$$

(3.93)

式(3.93)中,第一项体现了反应物自身浓度对反应速率的影响,第二项为气相化学动力学影响,第三项为氧浓度的影响,第四项是幂函数项,用于控制反应不会在高于 $S_{\text{thr},\alpha,\beta} = -1$ 或低于 $S_{\text{thr},\alpha,\beta} = 1$ 某个温度 $T_{\text{thr},\alpha\beta}$ 时发生,默认情况下 $S_{\text{thr},\alpha,\beta} = 1$ 且 $T_{\text{thr},\alpha\beta} = 0$,则该项不发生作用。

式(3.93)中,固体表面以下 x m 处的氧浓度 $X_{O_2}(x)$ 计算方式为

$$X_{O_2}(x) = X_{O_2,g}\exp\left(\frac{-x}{L_{g,\alpha\beta}}\right)$$

(3.94)

式中 $L_{g,\alpha\beta}$——氧气扩散的特征深度,如果为 0,则反应仅发生在固体表面。

如果涉及液体的融化和凝固,两相被相变温度界面分割开,相变边界的运动规律表达为

$$k_{s,1}\frac{\partial T_{s,1}}{\partial x} - k_{s,2}\frac{\partial T_{s,2}}{\partial x} = \rho_s H_{r,\alpha,\beta}\frac{\partial x_f}{\partial t}$$

(3.95)

式中,下标 1,2 表示分解面的两侧。

对特定的网格,可通过相变能量计算单个时间步长内的反应质量,即

$$\dot{m}'''\Delta t = \frac{\rho_s c_s(T_s - T_f)}{H_{r,\alpha\beta}}$$

(3.96)

另 $T_{\text{thr},\alpha\beta} = T_s$,$A_{\alpha\beta} = c_s$,相变即被引入反应速率计算中。

对在燃烧过程中不断蒸发的液体燃料,基于 Clausius-Clapeyron 关系,蒸发表面处的蒸气体积分数是液体沸点的函数,即

$$X_{F,1} = \exp\left[-\frac{h_v W_F}{R}\left(\frac{1}{T_s} - \frac{1}{T_b}\right)\right]$$

(3.97)

式中 h_v——蒸发热;

W_F——燃气的分子质量;

T_s——表面温度;

T_b——沸点。

蒸发速率通过斯蒂芬扩散计算,即

$$\dot{m}'' = h_m \frac{\overline{p}_m W_F}{RT_g} \ln\left(\frac{X_{F,g}-1}{X_{Fl}-1}\right) \tag{3.98}$$

$$h_m = \frac{ShD_{1,g}}{L} \tag{3.99}$$

式中,舍伍德数的定义为

$$Sh = 0.037 Sc^{\frac{1}{3}} Re^{\frac{4}{5}} \tag{3.100}$$

其中

$$Sc = 0.6, \quad Re = \frac{\rho \parallel \boldsymbol{u} \parallel L}{\mu} \tag{3.101}$$

3.3 火源的模拟

3.3.1 火源类型

在利用 FDS 模拟火灾的过程中,火源功率的大小和火灾的发展过程是最难确定的参数。通常情况下,有两种设定火源的方法:一是固定型火源场景,二是扩展型火源场景。

1)固定型火源场景

固定型火源场景是指火源的发展被限制在一个局部固定的空间或者面积内,不会随着火源功率的变化而蔓延到其他地方。这类火源场景要求火源功率随时间的变化规律在模拟之前已知,即火源热释放速率的时间函数是确定的。目前,用来表征火灾发展过程的热释放速率曲线有以下 3 类:

(1)稳态火灾

稳态火灾即在整个火灾发展过程中,火源的热释放速率始终保持一个恒定的值,用公式可表示为

$$\dot{Q} = Q_0 \tag{3.102}$$

式中 $\dot{Q}$——瞬时的热释放速率;

Q_0——初始的热释放速率。

(2)t^2 型火源

t^2 型火源即热释放速率的变化与时间的平方成正比,用公式可表示为

$$\dot{Q} = \alpha t^2 \tag{3.103}$$

式中　α——火灾增长系数；

t——火灾发展时间。

一般为了简化起见,把常见火灾分为慢速、中速、快速及超快速 4 类。对应的火灾增长系数分别为 0.002 931,0.011 27,0.046 89,0.187 8。

（3）tanh 型火源

tanh 型火源即热释放速率随时间的变化为

$$\dot{Q} = \tanh(t) \tag{3.104}$$

2）扩展型火源场景

扩展型火源场景是指火源的边界随着火灾的发展而不断扩大,可从局部蔓延至整个建筑空间。扩展型火源的热释放速率不是人为确定的,而是根据室内可燃物燃烧而确定的。扩展型火源场景的设置过程概括起来是：

①按真实情况布置室内物体。

②定义可燃物体表面材料的燃烧特性。

③设置着火点的大小和位置。

④引燃计算。

这种方法能准确地模拟火灾过程中的火焰蔓延以及烟气流动情况。但是,这种方法也带来了不确定性,火灾场景中设置的可燃物的燃烧特性和数量的合理性决定着火灾模拟计算的合理性。

3.3.2　火灾载荷密度的确定

火灾荷载是指在通风状态良好的情况下,房间内所有可燃物完全燃烧时所产生的总热量。火灾荷载可分为 3 类：固定式火灾荷载 Q_1、活动式火灾荷载 Q_2 和临时性火灾荷载 Q_3。

火灾荷载可写为

$$Q = Q_1 + Q_2 + Q_3 \tag{3.105}$$

火灾载荷密度是火灾载荷和面积的比值,即

$$q = \frac{Q}{A} \tag{3.106}$$

在数值模拟中,通常忽略临时性火灾载荷,即

$$q = \frac{Q_1 + Q_2}{A} = q_1 + q_2 \tag{3.107}$$

式中　q_1, q_2——固定式火灾荷载密度和活动式荷载密度。

1）固定式火灾荷载的确定

固定式火灾荷载密度 $q_1(\mathrm{MJ \cdot m^2})$ 可写为

$$q_1 = \frac{Q_1}{A} = \frac{1}{A} \sum M_i H_i \qquad (3.108)$$

式中　M_i——固定可燃物 i 的质量；

　　　H_i——固定可燃物 i 的燃烧热值；

　　　A——燃烧面积。

2）活动式火灾荷载的确定

因为一个房间内的材料不是一成不变的，所以确定活动式荷载的难度大。常用的计算方法有计算统计法和评估法，故

$$q_2 = \frac{Q_2}{A} = \frac{1}{A_i} \sum n_i \qquad (3.109)$$

式中　n_i——某一物体的燃烧热值。

3.3.3　热释放速率模型

为了定量分析建筑物的火灾危险，需要确定火灾热释放速率（Heat release rate）的变化规律。热释放速率是描述火灾过程的一个重要参数。它体现了火灾中能量释放的多少，是决定火灾危险的基本因素。在运用火灾模拟程序进行定量计算时，失火建筑内的温度、烟气生成量等参数都是以此为基础进行计算的。

但是应当清楚，火灾危险分析所涉及的火灾实际上并没有发生，在分析中所用到的热释放速率曲线是需要人为设定的。一般来说，这种假设做得越合理，依据它进行的计算结果也就越可信。

在火灾的初期增长阶段，热释放速率的增长是逐渐加速的，在不长的时间内增到最大值；多数可燃物的热释放速率将保持在这个值的水平上一段时间，即热释放速率大体维持定值。火灾的初期增长阶段是火灾防治中需要特别关注的重要阶段，因为它关系建筑物中自动报警系统和水喷淋系统的启动、建筑物内的人员疏散等问题。对于不同可燃物来说，这一阶段的变化状况差别很大。

早期的科学研究认为，对大多数火灾的初始增长阶段，可使用经验公式描述，即

$$Q = \alpha(t - t_0)^n \qquad (3.110)$$

式中　Q——火灾的热释放速率，kW；

　　　α——火灾增长系数，$\mathrm{kW/s^n}$；

　　　t——火灾持续时间；

　　　t_0——火灾开始有效燃烧的时间。

后来的研究发现,多数情况下,只要合理地选择 α 的值,n 的取值都可以为 2。因此,将该类型的火灾增长模型称为 t^2 模型。按照 α 取值的不同,又可将火灾分为慢速、中速、快速及超快速增长 4 种类型。其划分的依据是火灾热释放速率达到 1 055 kW 所需的时间,见表 3.1。

表 3.1　不同火灾类型的增长系数

火灾类型	慢速	中速	快速	超快速
α 取值	0.002 913	0.011 72	0.046 98	0.187 8
到达 1 055 kW 所用时间/s	600	300	150	75

这种模型认为火灾稳定燃烧阶段的热释放速度保持一个定值。

对建筑物内由木材引起的火灾,可用经验公式计算稳定燃烧时的热释放速率,即

$$Q=\begin{cases}1.5A_\mathrm{f}x & x\leqslant0.081\\0.13A_\mathrm{f} & 0.081<x\leqslant0.1\\(2.5x\times\exp(-11x)+0.048)A_\mathrm{f} & x>0.1\end{cases} \tag{3.111}$$

式中　A_f——燃烧面积,$x=A\sqrt{H}/A_\mathrm{f}$;

　　A,H——起火房间通风口面积和高度。

将上述两个阶段的曲线连接起来,就得到了 t^2-稳定火源模型的热释放速率曲线。这种模型只需要确定 α 和稳定燃烧阶段的热释放速率 Q,使用方便。进行火灾过程模拟计算时,经常使用这种模型设定火灾热释放速率曲线。但是由于模型中做了较理想的假设,因此其准确性稍差。不过一般认为,这种模型能满足工程分析的需要。

在火灾危险分析中,主要关心的是火灾的发展和稳定阶段。对减弱阶段,目前主要有两种处理方法:一种方法认为热释放速率也是按照 t^2 的方式减弱;另一种方法认为热释放速率按照线性方式减弱。

3.4　颗粒与液滴的模拟

拉格朗日型的粒子是用于代表所有无法被网格分辨的物体。最常见的就是液滴。本章描述了粒子的输运方程、大小分布、质量动量与能量在粒子与气相之间的相互传递。

3.4.1　气相中粒子的输运

在气相方程中,力 $\boldsymbol{f}_\mathrm{b}$ 代表从粒子向气相的传播的动量,即阻力作用。它的大小由单个网格中所有粒子阻力的和除以网格体积来确定,即

$$f_b = \frac{1}{V} \sum \left[\frac{1}{2}\rho C_d A_p (\boldsymbol{u}_p - \boldsymbol{u}) \left| \boldsymbol{u}_p - \boldsymbol{u} \right| - \frac{\mathrm{d}m_p}{\mathrm{d}t}(\boldsymbol{u}_p - \boldsymbol{u}) \right] \tag{3.112}$$

式中　C_d——曳力系数；

　　　A_p——粒子断面面积；

　　　$\boldsymbol{u}_p$——粒子速度；

　　　m_p——粒子质量；

　　　$\boldsymbol{u}$——气相速度；

　　　ρ——气体密度。

粒子的加速度则为

$$\frac{\mathrm{d}\boldsymbol{u}_p}{\mathrm{d}t} = g - \frac{1}{2}\frac{\rho C_d A_p}{m_p}(\boldsymbol{u}_p - \boldsymbol{u}) \left| \boldsymbol{u}_p - \boldsymbol{u} \right| \tag{3.113}$$

粒子的位置 $\boldsymbol{x}_p$ 确定为

$$\frac{\mathrm{d}\boldsymbol{x}_p}{\mathrm{d}t} = \boldsymbol{u}_p \tag{3.114}$$

曳力系数是当地雷诺数的函数,对球形粒子

$$C_d = \begin{cases} \dfrac{24}{Re_D} & Re_D < 1 \\[2mm] \dfrac{4(0.85 + 0.15 Re_D^{0.687})}{Re_D} & 1 < Re_D < 1\,000 \\[2mm] 0.44 & 1\,000 < Re_D \end{cases} \tag{3.115}$$

$$Re_D = \frac{\rho \left| \boldsymbol{u}_p - \boldsymbol{u} \right| 2r_p}{\mu(T)} \tag{3.116}$$

式中　$\mu(T)$——温度为 T 时的动力黏度。

对圆柱形粒子

$$C_d = \begin{cases} \dfrac{10}{Re_D^{0.8}} & Re_D < 1 \\[2mm] \dfrac{10(0.6 + 0.4 Re_D^{0.8})}{Re_D} & 1 < Re_D < 1\,000 \\[2mm] 1 & 1\,000 < Re_D \end{cases} \tag{3.117}$$

此外,尾流效应和粒子的变形会使曳力系数变小。

3.4.2　液滴大小分布

液体喷雾器总的体积分布由一个对数分布和一个 Rosin-Rammler 分布组成

$$F_v(D) = \begin{cases} \dfrac{1}{\sqrt{2\pi}} \displaystyle\int_0^D \dfrac{1}{\sigma D'} \exp\left(-\dfrac{\left[\ln\left(\dfrac{D'}{D_{v,0.5}}\right)\right]^2}{2\sigma^2}\right) \mathrm{d}D' & D \leqslant D_{v,0.5} \\[6mm] 1 - \exp\left(-0.693\left(\dfrac{D}{D_{v,0.5}}\right)^\gamma\right) & D_{v,0.5} < D \end{cases} \tag{3.118}$$

式中　$D_{v,0.5}$——液滴体积中位数;

γ, σ——经验常数,取 2.4 和 0.6。

用户也可通过列表的输入文件制订其他形式的分布。

液滴中位数与喷嘴孔口、工作压力和几何条件等有关,即

$$\frac{D_{v,0.5}}{d} \propto We^{-\frac{1}{3}} \tag{3.119}$$

式中　d——喷头孔径;

We——韦伯数,即

$$We = \frac{\rho_p u_p^2 d}{\sigma} \tag{3.120}$$

式中　ρ_p——液体密度;

u_p——流出速度;

σ——液体表面张力,对常温下的水,取 $72.8 \times 10^{-3} \mathrm{N/m}$。

流出速度可通过流量换算,流量与工作压力和孔口有关,通常是易于测量的。需要注意的是,同一个供水管路上随着喷头数量的增加,喷头的工作压力是会发生变化的。开启的喷头数目越多,单个喷头的工作压力会越低。FDS 默认设置下是无法将喷头启动导致的管路压力变化考虑在内的。在总的粒子大小分布确定后,FDS 采用分层抽样的方式随机从分布中取得单个粒子的直径,作为实际计算中采用的粒子。

3.4.3　喷头的初始化

在仿真模拟中,从喷头喷出的粒子分布在距离喷头孔口一定距离的球面上。假设水经过喷头后被充分雾化。水滴初始位置的经度服从均一分布,其值从 $0 \sim 2\pi$ 随机选取。纬度则处于 $0 \sim \pi$,从以下分布中随机选取,即

$$f(\phi) = \exp\left[-\beta\left(\frac{\phi - \phi_{\min}}{\phi_{\max} - \phi_{\min}}\right)^2\right] \tag{3.121}$$

$\phi = 0$ 代表上述球面的南极点。β 默认取 5。所有水滴垂直于表面法线方向的速度是一样的。

3.4.4 液滴的加热与蒸发

液滴既可表示空气中离散的水滴,也可表示在湿润的固体表面形成的水膜。对后者,仍然可采用拉格朗日型的粒子表示,但热量与质量传递的系数是不同的。

在气相方程求解的一个时间步长内,某一网格内的液滴蒸发形成气体组分 α。蒸发速率与平衡态蒸气质量分数 $Y_{\alpha,1}$、实际蒸气质量分数 $Y_{\alpha,g}$、液滴温度 T_p、气体温度 T_g 有关。气相与液相间的质量与能量交换可用方程描述,即

$$\frac{\mathrm{d}m_p}{\mathrm{d}t} = -A_p h_m \rho_g (Y_{\alpha,1} - Y_{\alpha,g}) \tag{3.122}$$

$$\frac{\mathrm{d}T_p}{\mathrm{d}t} = \frac{1}{m_p c_p}\left[\dot{q}_r + A_p h(T_g - T_p) + \frac{\mathrm{d}m_p}{\mathrm{d}t} h_v \right] \tag{3.123}$$

粒子通常认为完全由物质 α 组成的,通常也就是水或燃料。m_p 表示液滴质量,A_p 表示液滴表面积,h_m 是传质系数,c_p 是液体比热,h 是两相间的传热系数,$\dot{q}_r$ 表示液滴的辐射热,h_v 表示相变潜热。气体蒸气的质量分数 $Y_{\alpha,g}$ 是从气相质量方程中获得的。液体的饱和蒸气压是根据 Clausius-Clapeyron 计算得出

$$X_{\alpha,1} = \exp\left[\frac{h_v W_\alpha}{R}\left(\frac{1}{T_b} - \frac{1}{T_p}\right)\right]; \quad Y_{\alpha,1} = \frac{X_{\alpha,1}}{X_{\alpha,1}\left(1 - \dfrac{W_a}{W_\alpha}\right) + \dfrac{W_a}{W_\alpha}} \tag{3.124}$$

式中　$X_{\alpha,1}$——平衡态的蒸气体积分数;

　　　W_α——气相物质 α 的摩尔分子质量;

　　　W_a——空气的摩尔分子质量;

　　　R——气体常数;

　　　T_b——表示状态下液体的沸点。

两相间的质量、热量交换是通过经验公式来刻画的,即

$$h_m = \frac{Sh\, D_{tg}}{L}; \quad Sh = \begin{cases} 2 + 0.6 Re_D^{\frac{1}{2}} Sc^{\frac{1}{3}} & \text{droplet} \\ 0.037 Re_L^{\frac{4}{5}} Sc^{\frac{1}{3}} & \text{film} \end{cases} \tag{3.125}$$

$$h = \frac{Nu\, k}{L}; \quad Nu = \begin{cases} 2 + 0.6 Re_D^{\frac{1}{2}} Pr^{\frac{1}{3}} & \text{gas-droplet} \\ 0.037 Re_L^{\frac{4}{5}} Pr^{\frac{1}{3}} & \text{gas-film} \end{cases} \tag{3.126}$$

式中　Sh——舍伍德数;

　　　D_{tg}——蒸气与周围空气间的扩散系数;

　　　L——一个长度尺度,对悬浮的液滴等于液滴的直径,对表面液膜则等于 1 m;

Re_D——液滴雷诺数；

Re_L——长度尺度 L 的雷诺数；

Sc——施密特数，通常取 0.6；

Nu——努塞尔数；

k——气体的导热系数；

Pr——普朗特数，通常取 0.7。

对附着在固体表面的液膜，认为其一半与气体换热，另一半与固体换热。

计算悬浮在气体中的液滴时，首先对网格内的各个粒子逐一进行计算，然后将它们对组分、温度的变化统一加在气相流场上。

3.5　消防设备设施的模拟

除计算火灾本身引起的流动、传热等一系列变化以外，火灾动力学数值模拟还需考虑火灾时消防设备设施的动作情况。常见的设备设施包括喷水装置、感温探测器和感烟探测器等。

3.5.1　喷水装置

自动喷头的温度可采用差分方程来描述，即

$$\frac{dT_1}{dt} = \frac{\sqrt{|u|}}{\mathrm{RTI}}(T_g - T_1) - \frac{C}{\mathrm{RTI}}(T_1 - T_m) - \frac{C_2}{\mathrm{RTI}}\beta|u| \tag{3.127}$$

式中　u——气相速度；

RTI——响应时间指数；

T_1——喷头感温元件的温度；

T_g——周围气体温度；

T_m——环境温度；

β——气流中的水的体积分数。

感温元件的敏感程度由 RTI 来刻画，感温元件传导的热量采用参数 C 来刻画。RTI 和 C 的取值均由实验测得。C_2 的取值可以为 $6 \times 10^6\ \mathrm{K/(m/s)^{1/2}}$，对不同的喷头，该值的大小相对稳定。该模型未考虑热辐射的影响。

3.5.2　感温探测器

感温探测器相当于一个不带有喷水功能的自动喷头，故其控制方程与前文所述的喷

水装置的喷头是一致的,只是仅保留了等式右边的第一项,即

$$\frac{dT_1}{dt} = \frac{\sqrt{|u|}}{RTI}(T_g - T_1) \tag{3.128}$$

3.5.3 感烟探测器

相比于感温探测器,对感烟探测器的模拟要复杂得多。这主要是因为:

①火灾早期烟雾的产生与输运缺乏理论支撑。

②烟雾探测器采用的相应算法更为复杂。

③烟雾探测器对烟雾颗粒的密度、大小等十分敏感。

④现有数学模型对烟雾的刻画局限于其总体的运动,而没有描述烟雾细节。

截至 FDS6,FDS 只能计算流经探测器的烟雾的速度和浓度,而无法描述在感烟探测器内的运动。探测器的离子效应、光电效应等在现阶段均难以描述。

对典型的理想点型感烟探测器,通常采用的模拟方式有两种:一种是单步响应模型;另一种是两步响应模型。其中,单步响应模型认为感烟探测器探测腔内烟雾浓度 $Y_c(t)$ 的变化比外部的浓度变化延后一定的时间,该时间的值为 L/u,即探测器特征长度与气流速度的比,故

$$\frac{dY_c}{dt} = \frac{Y_e(t) - Y_c(t)}{\dfrac{L}{u}} \tag{3.129}$$

当 Y_c 增加到特定值时,感烟探测器动作。

两步响应模型则认为,烟雾探测器的响应延迟分为两步:先是由外部进入探测器内部,再进入探测腔,则

$$\delta t_e = \alpha_e u^{\beta_e}, \quad \delta t_c = \alpha_c u^{\beta_c} \tag{3.130}$$

式中 β_e——第一步的特征时间;

β_c——第二步的特征时间;

α, β——经验常数,与特定探测器的几何特征有关,具体取值见表 3.2。

表 3.2 烟雾探测器经验常数

探测器	α_e	β_e	α_c, L	β_c
克利里电离感烟探测器 I1	2.5	−0.7	0.8	−0.9
克利里电离感烟探测器 I2	1.8	−1.1	1.0	−0.8
克利里光电感烟探测器 P1	1.8	−1.0	1.0	−0.8
克利里光电感烟探测器 P2	1.8	−0.8	0.8	−0.8
海斯克斯塔电离感烟探测器	—	—	1.8	—

此外,美国消防工程协会(SFPE)发布的 *Handbook of Fire Protection Engineering* 也给出了一些参考数据。

探测腔内的烟雾浓度变化 Y_c 可由方程求解,即

$$\frac{\mathrm{d}Y_c}{\mathrm{d}t} = \frac{Y_e(t-\delta t_e) - Y_c(t)}{\delta t_c} \tag{3.131}$$

式中　Y_e——探测器外部烟雾的质量分数。

简而言之,式(3.131)可理解为:t 时刻探测腔内的烟气浓度是外部气流中 $t-\delta t_c$ 时刻的浓度。

3.5.4　暖通空调系统(HVAC)

暖通空调系统 HVAC 在建筑物中随处可见。火灾发生时,HVAC 系统管道既可成为热空气和燃烧产物的通道,也是新鲜空气供应的通道。在某些特殊的建筑设置中,如数据中心或清洁房间中,火灾探测器布置在 HVAC 系统管道中。此外,HVAC 系统也可作为消防设施使用,可排出烟气或向楼梯间供风。

FDS 模型设定的速度和质量边界十分简单而固定,压力边界条件也十分简单。尽管这些可模拟一些简单的 HVAC 系统的特征,但对覆盖多个房间的复杂 HVAC 系统却无能为力。对多个入口、出口组成的 HVAC 系统,缺少耦合的质量、动量、能量方程。

FDS 的 HVAC 求解器基于 MELCOR 求解器来实现。该求解器采用显式方法求解质量和能量守恒方程,隐式方法求解动量守恒方程。具体到应用中,HVAC 系统被简化为由节点(Node)和管道(Duct)组成的网络,节点代表管道与计算区域的交界点,或多个管道的交汇处。管道代表节点之间的气流通道。

节点的守恒方程可描述为

$$\sum_j \rho_j u_j A_j = 0 \tag{3.132}$$

$$\sum_j \rho_j u_j A_j h_j = 0 \tag{3.133}$$

$$\rho_j L_j \frac{\mathrm{d}u_j}{\mathrm{d}t} = (p_i - p_k) + (\rho g \Delta z)_j + \Delta p_j - \frac{1}{2} K_j \rho_j |u_j| u_j \tag{3.134}$$

式中　u——管道的速度;

　　A——管道截面积;

　　h——管道内流体的焓;

　　Δp——固定的动量源,如风机等;

　　L——管道段的长度;

　　K——管道段的无量纲损失系数。

下标 j 表示一个管道段，i 和 k 表示节点序号。

实际火灾中，墙壁、楼板等往往都不是完全密闭的，空气会在其狭缝中发生泄漏。为了更准确地模拟实际火灾工况，可将这种泄漏效应等效为一个 HAVC 系统。

第 4 章　FDS 火灾数值模拟软件包

4.1　FDS 概述

FDS 是一个针对火灾流场的计算流体力学(CFD)程序。它由美国国家标准与技术研究院(NIST)开发,第一个版本发布于 2000 年 2 月。截至本书完稿,最新的版本为 FDS 6.8.0。为了确保模拟的可靠性和稳定性,FDS 开发团队将其模拟计算的结果与许多大尺度甚至原型尺度的实验数据进行了对比。FDS 软件包含两个相对独立的部分:第一部分是 FDS 的主程序,用于设置模型的各种参数等,并对模型进行求解;第二部分称为 Smokeview,是一个后处理程序,可将 FDS 仿真的结果通过三维可视化的方式呈现出来。除此以外,还有一些第三方软件包,通过封装开源的 FDS 源码,并进行二次开发,大大提高了建模和计算的效率。本书将重点介绍 PyroSim 软件,通过可视化交互界面,可使 FDS 的使用变得十分便捷。

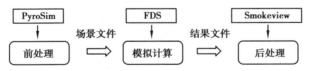

图 4.1　火灾模拟系列软件工作流程

目前,大约半数的 FDS 模型用来模拟烟气和有毒气体的流动,另外的一半用于民用和工业火灾场景中。例如,"911"事件后,NIST 利用 FDS 软件再现了世贸双塔受到撞击后发生的火灾、爆炸以及后续烟气的流动,模拟结果与事件记录十分接近。除此以外,FDS 还可用于燃烧学和火灾科学基础研究中。

FDS 的核心是求解火灾流场流体流动的模型。该模型包括一组针对低马赫数(小于0.3)、热驱动流动进行优化的 Navier-Stokes 方程,以及与火焰烟气扩散、热传递等相关的一系列经验模型。FDS 采用长方体网格,主要的算法是一种二阶精度的显示预测-修正算法。对湍流流动,FDS 主要采用大窝模拟方法,也可采用直接数值模拟。大多数情况下,FDS 采用混合控制的单步反应模型来模拟燃烧。

FDS 和 Smokeview 可运行在 64 位 Windows,Linux,Mac OS X 系统上。计算机的 CPU

速度限定了计算时间,RAM 大小决定了内存中可存放的网格数量。通常情况下,推荐每个 CPU 对应 2 GB 以上的 RAM。FDS 的计算结果经常占用若干个 G 甚至更多的硬盘空间。实际上,大多数 64 位的个人/办公电脑都能满足 FDS 运行的基本要求。但涉及大规模的计算,可能需要专业的工作站或计算机群才能在较短的时间内完成。

FDS 支持 MPI 并行运算。此时,需要各个计算机之间共享硬盘。在 Windows 系统上可通过共享文件夹来实现。在 Linux 和 Mac OS X 上可采用 NFS 文件共享系统。MPI 进行多重网格计算需要至少 100 Mbit/s 的网络通信速度,更高的网络速度会进一步缩短各个 MPI 计算节点之间的通信时间,进而从总体上提高运算效率。

FDS 6 推荐安装在 Windows 7, Mac OS X 10.4 及更高版本的操作系统上,针对 Linux 的多种发行版本,FDS 也有对应的可执行程序。同时,FDS 在 GitHub 上公布了被称为 "Repository"的资源包,主要包括 FDS 和 Smokeview 的源代码文件、技术文档、软件测试和验证的输入文件、验证模型所用到的实验数据、软件测试的脚本和后处理程序,以及相关的网页等。

4.2 FDS 火灾模拟基本流程

典型的 CFD 计算通常包含以下流程:构建数学模型、确定计算区域几何模型、划分网格、确定边界条件与初始条件、方程的离散与数值求解、显示和输出计算结果。而对于 FDS 计算而言,其数学模型的构建、数值求解的实现是已构建完毕的,包含在 FDS 软件的代码中,用户只需要简单地进行一些配置,即可调用 FDS 求解具体问题。

因此,FDS 软件使用过程中的主要流程如下:首先用户通过编辑 FDS 输入文件对所求解的问题进行描述。FDS 输入文件是一个文本文件,可使用任意文本编辑器直接编写,也可通过其他软件(如 PyroSim 等)自动生成。然后 FDS 求解器读取该输入文件,解析文件内容,并按照输入文件的指示进行求解。求解完成后,FDS 保存求解的结果,并按照输入文件的要求输出相应数据。用户可通过 Smokeview 软件可视化地查看计算结果,也可通过 Excel,Origin 等数据处理软件对其他输出的数据(CSV 格式)进行进一步处理。FDS 模拟基本流程如图 4.2 所示。

读者可从 FDS 官方网站找到 FDS 和 Smokeview 的下载地址。本书使用的是 64 位 Windows 版本。FDS 下载安装后包括 4 个文件夹。其中,bin 文件夹包括 FDS 的可执行文件,Documentation 文件夹包括 FDS 及 Smokeview 的使用说明及技术文档,Examples 文件夹是一些典型的 FDS 算例,Uninstall 文件夹为卸载程序。Smokeview 下载后只包含主程序文件,相当于 FDS 中的 bin 文件夹。

运行 FDS 的方法非常简单,安装完成后,只需要在命令行模式下输入"fds 文件名"即可(注意命令与文件名之间的空格)。在 FDS 安装目录下找到 Examples\Fires\ box_burn_away1.fds 文件,可复制到 D:\fds\文件夹下,启动命令行输入命令

　　fds d:\fds\box_burn_away1.fds

　　运行的情况如图 4.3 所示。

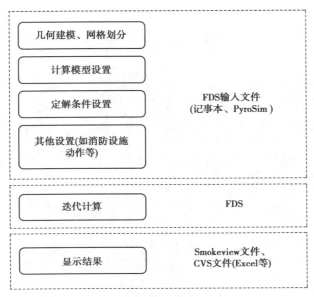

图 4.2　FDS 模拟基本流程

```
C:\Users\qscup>fds d:\fds\box_burn_away1.fds
Reading input file ...

Fire Dynamics Simulator

Current Date    : September 24, 2018  12:35:12
Revision        : FDS6.7.0-0-g5ccea76-master
Revision Date   : Mon Jun 25 13:03:23 2018 -0400
Compiler        : Intel ifort 18.0.2.185
Compilation Date : Tue 06/26/2018  10:49 AM

MPI Enabled;    Number of MPI Processes:     1
OpenMP Enabled; Number of OpenMP Threads:    2

MPI version: 3.1
MPI library version: Intel(R) MPI Library 2018 Update 2 for Windows* OS


Job TITLE      : Test BURN_AWAY feature
Job ID string  : box_burn_away1

Time Step:      1, Simulation Time:     0.01 s
Time Step:      2, Simulation Time:     0.02 s
Time Step:      3, Simulation Time:     0.03 s
Time Step:      4, Simulation Time:     0.04 s
Time Step:      5, Simulation Time:     0.05 s
Time Step:      6, Simulation Time:     0.06 s
Time Step:      7, Simulation Time:     0.07 s
Time Step:      8, Simulation Time:     0.08 s
Time Step:      9, Simulation Time:     0.09 s
Time Step:     10, Simulation Time:     0.10 s
Time Step:     20, Simulation Time:     0.20 s
Time Step:     30, Simulation Time:     0.30 s
```

图 4.3　FDS 开始运行

　　如图 4.4 所示,命令行界面中首先是提示 reading input file(读取输入文件),然后显

示了当前的时间、FDS 版本、编译器的版本等一些信息,最后是 MPI(Message-Passing-Interface,消息传递接口)的进程数和 OpenMP 的线程数,以及 MPI 的版本信息。Job TITLE 和 Job ID string 是当前算例的标题信息。接下来的 Time Step 是时间步长的序列,Simulation Time 是对应步长的计算在算例中表示的时间。

先看一下执行完成后的界面,再进行具体解释。

```
Time Step:     100, Simulation Time:       1.00 s
Time Step:     200, Simulation Time:       2.00 s
Time Step:     300, Simulation Time:       3.00 s
Time Step:     400, Simulation Time:       4.00 s
Time Step:     500, Simulation Time:       5.00 s
Time Step:     600, Simulation Time:       6.00 s
Time Step:     700, Simulation Time:       7.00 s
Time Step:     800, Simulation Time:       8.00 s
Time Step:     900, Simulation Time:       9.00 s
Time Step:    1000, Simulation Time:      10.00 s
Time Step:    1100, Simulation Time:      11.00 s
Time Step:    1200, Simulation Time:      12.00 s
Time Step:    1300, Simulation Time:      13.00 s
Time Step:    1400, Simulation Time:      14.00 s
Time Step:    1500, Simulation Time:      15.00 s
Time Step:    1600, Simulation Time:      16.00 s
Time Step:    1700, Simulation Time:      17.00 s
Time Step:    1800, Simulation Time:      18.00 s
Time Step:    1900, Simulation Time:      19.00 s
Time Step:    2000, Simulation Time:      20.00 s
Time Step:    2100, Simulation Time:      21.00 s
Time Step:    2200, Simulation Time:      22.00 s
Time Step:    2300, Simulation Time:      23.00 s
Time Step:    2400, Simulation Time:      24.00 s
Time Step:    2500, Simulation Time:      25.00 s
Time Step:    2600, Simulation Time:      26.00 s
Time Step:    2700, Simulation Time:      27.00 s
Time Step:    2800, Simulation Time:      28.00 s
Time Step:    2900, Simulation Time:      29.00 s
Time Step:    3000, Simulation Time:      30.00 s
STOP: FDS completed successfully (CHID: box_burn_away1)
```

图 4.4　FDS 运行完毕

运行结束后,界面中显示了如图 4.5 所示的界面。可知,计算共包括 3 000 个时间步,模拟了一个 30 s 的过程。计算结束后,提示 FDS 计算成功。运行完毕后,程序会在当前的工作目录(c:\users\qscup)生成计算结果文件。这些文件如图 4.5 所示。

这些文件存储了 FDS 计算所得到的计算结果。这里暂不介绍每个文件的具体内容,先运行 Smokeview,直观感受一下计算结果。在命令行中输入指令

smokeview box_burn_away1

按"Enter"键后,会弹出一个图形界面,如图 4.6 所示。

box_burn_away1.binfo
box_burn_away1.end
box_burn_away1.out
box_burn_away1.sinfo
box_burn_away1.smv
box_burn_away1_01.bf
box_burn_away1_01.sf
box_burn_away1_02.bf
box_burn_away1_02.sf
box_burn_away1_03.bf
box_burn_away1_03.sf
box_burn_away1_cpu.csv
box_burn_away1_devc.csv
box_burn_away1_git.txt
box_burn_away1_hrr.csv
box_burn_away1_mass.csv

图 4.5　FDS 计算生成的输出文件

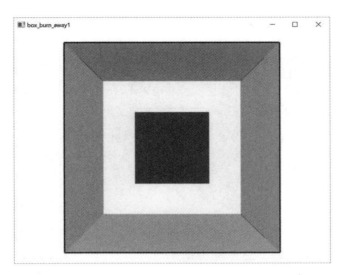

图 4.6　Smokeview 窗口

　　在界面上按住鼠标左键拖动，可通过 3D 视角得知，这是一个正方体计算区域，内部中心有一个红色的立方体块。在任意位置点右键，依次选择 Load/UnLoad，Slice，Temperature，Y=0.5，如图 4.7 所示。可知，界面上出现了一个剖面，并出现了图例以及随时间变化的动画，如图 4.8 所示。

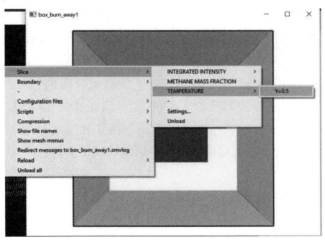

图 4.7　Smokeview 右键菜单

　　这里右键菜单的含义不难理解，当前动态显示的动画，即 Y=0.5 平面上温度的实时变化，下方的时间进度表示模拟的时间，右侧的彩虹条及对应的数字指代图中相应颜色的温度。实际上，这个算例模拟了中部的红色立方体燃烧的过程，在 30 s 的时间内，立方体逐渐燃烧殆尽，周围的空气因其燃烧而升温，截图显示的是燃烧进行到 15.76 s 时的温度场，可知周边的温度为 700～800 K。

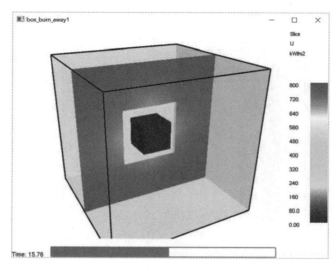

图 4.8　温度场切面

在整个过程中,除了调用 FDS 和 Smokeview 来计算和查看结果,几乎没有进行其他任何的操作。事实上,对所计算对象的一切的描述,都包含在前面那个名为 box_burn_away1.fds 的文件中,这个文件即 FDS 的输入文件。显然,掌握了如何按照实际需要创建一个合适的输入文件,即可掌握 FDS 的使用方法。输入文件可手动编写,也可通过其他可视化的工具来生成。下一节介绍 FDS 输入文件的结构和语法,引导读者了解如何编写一个输入文件。本书的第 5 章将介绍采用 PyroSim 工具进行 FDS 计算的具体方法。

上一章介绍了 FDS 模拟的基本流程,并且知道了 FDS 输入文件是进行模拟计算的核心。只要编写出了适当的输入文件,剩下的就只是调用程序进行计算了。在上一章结尾,我们一起浏览了一个典型的 FDS 输入文件,对其有了直观的认识。这一章将展开输入文件的各个部分,一起来看常见输入文件代码的格式和其对应的含义。通过这一章,读者基本可自己编写完整的输入文件解决一些简单的模拟问题。

4.3　FDS 输入文件的基本格式

FDS 输入文件是一个纯文本文件,可采用任意的扩展名,但一般习惯采用的扩展名为“.fds”。输入文件由一系列的命令组(Namelist Group)构成,每个命令组描述了该 FDS 算例的某一方面内容(如网格、材质、化学反应等)。命令组由符号“&”开头,由符号“/”结尾,可占一行或多行,命令的注释可使用汉字。每个命令组又含有很多参数,表示算例的具体某一项属性。参数的值可为整数、浮点数、字符串及逻辑值。命令各参数及参数值间可用空格或逗号隔开。逗号输入时输入法应为英文状态。

例如

```
&SURF ID = 'STEEL FLANGE'
COLOR = 'BLACK'
MATL_ID = 'STEEL'
THICKNESS = 0.0063 /
```

这是一段典型的 &SURF 命令组,作用是在场景中定义一个表面。该命令包含 4 个参数(ID,COLOR,MATL_ID,THICKNESS)。其中,参数 COLOR 的值为 BLACK,其含义为该表面的颜色为黑色。可知,参数的值可为整数、实数、字符串等。

FDS 共提供了 31 个命令组(表 4.1),每个命令组又包括大量的参数。FDS 官方的 User's Guide 对每一条命令进行了具体说明。

表 4.1　命令组名称及其含义

命令名称	含义
BNDF	Boundary File Output
CLIP	Clipping Parameters
CSVF	Velocity Input File
CTRL	Control Function Parameters
DEVC	Device Parameters
DUMP	Output Parameters
HEAD	Input File Header
HOLE	Obstruction Cutout
HVAC	Heating, Vent. , Air Cond.
INIT	Initial Condition
ISOF	Isosurface File Output
MATL	Material Property
MESH	Mesh Parameters
MISC	Miscellaneous
MULT	Multiplier Parameters
OBST	Obstruction
PART	Lagrangian Particle
PRES	Pressure Solver Parameters
PROF	Profile Output
PROP	Device Property

续表

命令名称	含义
RADI	Radiation
RAMP	Ramp Profile
REAC	Reaction Parameters
SLCF	Slice File Output
SPEC	Species Parameters
SURF	Surface Properties
TABL	Tabulated Particle Data
TIME	Simulation Time
TRNX	Mesh Stretching
VENT	Vent Parameters
ZONE	Pressure Zone Parameters

整个 FDS 输入文件由命令 HEAD 开头,命令 TAIL 结束。读者可用任意文本编辑器打开上一节中运行的 box_burn_away1. fds 文件,该文件的全部内容如下:文件开头的 &HEAD 命令指定了文件的 ID 与 Title,后面的两段为注释,解释了这个算例的工程背景。需要注意的是,FDS 输入文件中只有以符号"&"开头、符号"/"结尾所包括的部分才视为命令,其余内容对程序无任何影响,一般用于用户对文件进行说明性的注释。&MESH 命令指定了计算网格,&MATL 命令指定了一种材料,从 ID 可以看出,这是一种泡沫材料。

在后续章节将介绍各个命令的含义以及每个命令包括的主要属性和取值。读者只需对这些语法有个大致的了解,并不需要完全记住每一条命令的语法格式。一方面,具体编写输入文件时,可查询 FDS 的帮助手册;另一方面,也可借助下一章所介绍的 PyroSim 等图形化界面的软件进行 FDS 的输入文件构建。

```
&HEAD CHID = 'box_burn_away1', TITLE = 'Test BURN_AWAY feature' /


The FOAM box is evaporated away by the high thermal radiation
from HOT surfaces. The mass of the box is 0.4^3 m3  *  20 kg/m3 = 1.28 kg.
This should be compared to the final value of fuel density volume integral,
computed by the first DEVC.


The gas species is mixture fraction fuel.
```

```
&MESH IJK=10,10,10 XB=0.0,1.0,0.0,1.0,0.0,1.0 /

&TIME T_END=30. DT=0.01/

&MATL ID                    ='FOAM'
      HEAT_OF_REACTION      =800.
      CONDUCTIVITY          =0.2
      SPECIFIC_HEAT         =1.0
      DENSITY               =20.
      N_REACTIONS           =1
      NU_SPEC               =1.
      SPEC_ID               ='METHANE'
      REFERENCE_TEMPERATURE =200. /
&SURF ID                    ='FOAM SLAB'
      COLOR                 ='TOMATO 3'
      MATL_ID               ='FOAM'
      THICKNESS             =0.1
      BURN_AWAY             =.TRUE.
      BACKING               ='EXPOSED' /

&REAC FUEL='METHANE',AUTO_IGNITION_TEMPERATURE=15000. /

&DUMP SMOKE3D=.FALSE.,MASS_FILE=.TRUE. /

&OBST XB=0.30,0.70,0.30,0.70,0.30,0.70,SURF_ID='FOAM SLAB',BULK_
DENSITY=20. /

&SURF ID='HOT' TMP_FRONT=1100. /

&VENT MB='XMIN',SURF_ID='HOT' /
&VENT MB='XMAX',SURF_ID='HOT' /
&VENT MB='YMIN',SURF_ID='HOT' /
&VENT MB='YMAX',SURF_ID='HOT' /
```

```
&VENT MB = 'ZMIN', SURF_ID = 'HOT' /
&VENT MB = 'ZMAX', SURF_ID = 'HOT' /
&BNDF QUANTITY = 'WALL TEMPERATURE' /
&BNDF QUANTITY = 'BURNING RATE' /
&BNDF QUANTITY = 'NET HEAT FLUX' /


&SLCF PBY = 0.5, QUANTITY = 'TEMPERATURE' /
&SLCF PBY = 0.5, QUANTITY = 'INTEGRATED INTENSITY' /
&SLCF PBY = 0.5, QUANTITY = 'MASS FRACTION', SPEC_ID =
'METHANE' /


&DEVC XB = 0,1,0,1,0,1, QUANTITY = 'DENSITY', SPEC_ID = 'METHANE',
    STATISTICS = 'VOLUME INTEGRAL' ID = 'Mass fuel'/
&DEVC XB = 0,1,0,1,0,1, QUANTITY = 'HRR' ID = 'HRR' /


&TAIL /
```

&HEAD 命令组一般在输入文件的开始，共包含以下两个参数：

①CHID 参数。指定输出文件的名字，默认值为 FDS 模型文件的文件名。

②TITLE 参数。用于描述场景，可以为汉字。例如：

```
&HEAD CHID = 'WTC_05', TITLE = 'WTC Phase 1, Test 5' /
```

其中，CHID 表示 Character ID，后文将介绍在 FDS 的输出文件中，大多数的文件会以 CHID 作为文件前缀。因此，推荐 CHID 的值与输入文件的文件名保持一致，即将输入文件命名为 CHID. fds。

火灾的计算是一个动态的过程，绝大多数情况下，需要告诉程序算例所持续的时间。&TIME 命令组用于定义与模拟计算时间的参数。T_END 参数设置模拟持续时间，单位为 s，默认值为 1 s。如果 &TIME T_END = 0/，FDS 只执行场景的初始化工作，生成模型文件供 Smokeview 显示，不进行模拟计算。T_BEGIN 可设置计算的开始时间，默认为 0 s。当模型计算需要与实验记录等其他数据对比时，可设置 T_BEGIN 为其他时间。

FDS 默认采用自适应时间步长，在计算过程中，时间步长将会基于 CFL 判据由程序自动调整。初始的时间步长可使用 DT(&TIME) 设置。默认情况下的初始时间步长为 $5\sqrt[3]{\delta x \delta y \delta z}/\sqrt{gH}$ s。其中，δx，δy 和 δz 表示最小网格的尺寸，H 表示计算区域高度，g 为重力加速度。设置 &TIME 命令组的 LOCK_TIME_STEP 属性值为 . TRUE 可以固定时间步长。

　　FDS 计算需要用到的一些全局参数在 &MISC 命令组中进行升值。其中,TMPA 属性表示环境温度,默认 20 ℃;HUMIDITY 相对湿度,默认值 40%;U_0、V_0、W_0 为背景空气速度(m/s);SURF_DEFAULT 为默认边界条件,默认类型为 INERT 型;P_INF 表示大气压,默认值为 101 325 Pa;GVEC 表示重力加速度,默认值 GVEC = 0,0,−9.81,即 z 方向有向下的重力加速度。

4.4　几何模型描述

　　对实际发生火灾的场景进行几何建模,是进行火灾数值模拟计算的必要步骤。对于 FDS 而言,需要将几何模型按照输入文件的语法格式进行描述,并相应地设置边界条件,才能进行模拟求解。实际使用中,由于 FDS 程序本身不具备可视化的建模界面,几何模型信息只能通过纯文本的方式输入,使得建模的过程十分烦琐,且容易出现错误。因此,建议用户采用带有可视化界面的软件(如本书后续章节将要介绍的 PyroSim 软件)完成这一工作。通过类似三维 CAD 建模的方式所见即所得地构建几何模型,再通过软件直接生成 FDS 输入文件,可大大提高几何建模的效率和准确度。尽管如此,为了了解 FDS 几何模型涉及的基本概念和结构,仍然需要对相应的术语和输入文件语法做必要的解释。

　　FDS 中的几何物体可分为两类:一类为三维矩形实体,称为"障碍物"(Obstruction);另一类为二维平面,FDS 官方文档中习惯上称为"通风面(Vent)",这是因为在早期版本中二维平面只是用来模拟通风口。障碍物可阻挡气流的流动,而通风面可允许空气从中流入或流出。

4.4.1　表面

　　对所有障碍物的上下、四周共 6 个外表面,以及整个计算区域的各外表面,都需要设置边界条件。在 FDS 中统称这些面为"表面"。定义表面的命令组为 &SURF。默认情况下,所有表面类型均为"INERT",这代表表面是光滑、惰性的,并且具有恒定的温度 TMPA(即环境温度)。如果模型中仅用到了 INERT 类型的表面,则无须设置 &SURF 命令组。

　　如果需要自定义表面的属性,每个 &SURF 命令组都至少需要包含 SURF_ID = '…' 的参数,以便定义障碍物边界条件时对其进行引用。事实上,自定义表面常常具有较复杂的热边界条件,本章重点介绍几何模型的构建,对边界条件的设置详见后续章节。

4.4.2 障碍物

如上所述,FDS 中所有的障碍物均为三维矩形实体,如果实际物体无法简化为矩形,则需要设置若干个障碍物来组合出需要描述的几何特征。每个障碍物采用单独的 &OBST 命令组来定义,其中首要的参数就是 XB。该参数由 6 个实数组成,前 3 个和后 3 个分别表示障碍物两相对顶点的 X,Y,Z 坐标。例如

> &OBST XB=2.3,4.5,1.3,4.8,0.0,9.2/

表示以点(2.3,4.5,1.3)和(4.8,0.0,9.2)为顶点构成的障碍物。在模型的几何坐标系(笛卡儿坐标系)中,该障碍物的 6 个面分别位于 X=2.3,X=4.8,Y=4.5,Y=0.0,Z=1.3,Z=9.2 这 6 个平面上。

每个障碍物均可设置其表面上的边界条件,即前文所述的 SURF。采用 &OBST 命令组的 SURF_ID 参数,可一次性地指定该障碍物的所有表面。如果需要对各表面指定不同的类型,可以有两种方式。SURF_IDS 可依次指定障碍物的顶部面(坐标值较大的 Z=… 表面)、四周、底部面(坐标值较小的 Z=… 表面),例如

> &OBST XB=…,SURF_IDS='FIRE','INERT','INERT' /

指定了一个顶部类型为 FIRE,其余面为 INERT 的障碍物。

SURF_ID6 可依次指定障碍物的 6 个表面,顺序依次为坐标值较小的 X=… 表面、坐标值较大的 X=… 表面、坐标值较小的 Y=… 表面……,例如

> &OBST XB=…,SURF_ID6='FIRE','INERT','HOT','COLD','BLOW','INERT' /

尽管障碍物通常为三维实体,但仍可通过制订其某个方向上厚度为 0 定义出一个"薄"的障碍物。实际上,在进行网格划分后,FDS 会将所有几何体边沿对齐到网格线上,故如果某个障碍物的某一维度尺寸过小,即使不为 0,也可能再成为模型中没有厚度的"薄"障碍物。尽管这种障碍物是符合 FDS 要求的,但薄障碍物容易引起计算错误。因此,在几何建模的过程中,建议最薄的障碍物至少具有一个网格的厚度。FDS 中,可在全局命令组 &MISC 中定义 THICKEN_OBSTRUCTIONS=.TRUE. 来避免产生薄障碍物,也可在 &OBST 中设置 THICKEN=.TRUE. 来避免当前障碍物成为薄障碍物。

采用 &HOLE 命令组,可定义一块"无障碍物"的区域,即在障碍物实体上进行切割。&HOLE 命令组同样具有 XB 参数。该参数指定一个矩形区域,所有的障碍物处于该区域内的部分将被切除。如果要防止某个障碍物被切除,可在其对应的 &OBST 命令组中设置 PERMIT_HOLE=.FALSE。

4.4.3 通风面

从字面意义上讲,"通风面"模拟的对象为建筑物通风管道的进口和出口。这些面设

置在障碍物或计算区域边界的表面上，空气可在这些面上流出或流入，而不需要在障碍物上开设几何意义上的孔洞。然而，随着 FDS 的发展，通风面的含义更接近于通用的局部边界条件。前面提及的 &SURF 命令组，所定义的为某一种边界条件的"类型"，而不是实际某个位置的边界条件，即 &SURF 是不含有几何信息的。而通过通风面，则可将各种类型的 &SURF 应用在具体的几何位置上。本书中沿用 FDS 习惯的"通风面"这一称呼，但其应用远远不止设置狭义上的通风表面。

　　定义通风面的命令组为 &VENT。与 &OBST 一样，&VENT 通常需要定义 XB，SURF_ID 两个参数。其中，XB 参数中有两个坐标是相同的（否则，就不再是一个面）。

　　除 INERT 以外，SURF_ID 参数还包含另外 3 个系统默认的值，分别为"OPEN""MIRROR""PERIODIC"。用户不需要指定对应的 &SURF，即可直接引用这些值。其中，"OPEN"用于计算区域的外表面，表示该部分表面是向计算区域外部敞开的，通常用于设置建筑物的外门、窗等。"MIRROR"同样用于计算区域的外表面，其含义为对称边界，即如果计算区域是对称的，理论上几何建模时只需绘制计算区域的一半，并在对称轴处设置边界类型为"MIRROR"即可。然而由于 FDS 默认采用大涡模拟，通常不适合假设火羽流是对称的，因此"MIRROR"边界只推荐应用于火焰尺寸较小的层流燃烧。"PERIODIC"类型的边界则通常成对地出现在计算区域某个坐标维度的边界上。例如

```
&VENT MB = 'XMIN', SURF_ID = 'PERIODIC' /
&VENT MB = 'XMAX', SURF_ID = 'PERIODIC' /
```

上述代码表示整个 XMIN 边界与 XMAX 边界是周期性重复的。

4.5　网格划分

　　与绝大多数 CFD 计算程序一样，FDS 需要将计算区域进行网格化。首先划定一个计算区域（Domain），该计算区域由一个或多个长方体区域组成，然后将整个计算区域划分为一个个的小的长方体网格。FDS 中将整个计算区域称为 mesh（后文称为"网格"），而划分出来的一个个小网格称为 cells（后文称为"单元格"）。

　　网格尺寸设置的大小关系计算耗时的长短以及计算精度的粗细。过于精细的网格尺寸可能导致计算耗时过长，过于稀疏的网格尺寸可能导致计算精度过于粗糙，这是一个矛盾的问题，需要在两者之间取一个平衡点，故本节将重点介绍一下设置网格的方法。

　　为达到良好的模拟精度，单元格尺寸在 X，Y，Z 3 个方向上的长度最好接近，也就是网格单元越趋于立方体越合适。在 PyroSim 中网格设置是按某个方向的网格数量分别设置的，网格数的设置需要满足傅里叶快速转换公式的泊松分布法的要求，即均为 2，3，5 的整数倍。

一般情况下,在一次火灾模拟中都会采用多重网格设置,即计算域中包含一个以上的矩形网格,不同的网格划分应避免边界越线。尺寸粗糙的网格最好用在空间变化梯度不大或不重要的地方,有火焰的地方网格的精度要求较高,只输出烟气和测试温度的地方可适当降低网格精度。

FDS 网格大小可通过热释放速率和初始条件来估算,即

$$D^* = \left(\frac{\dot{Q}}{\rho_\infty c_\infty T_\infty \sqrt{g}} \right)^{\frac{2}{5}}$$

$$4 < \frac{D^*}{\delta} < 16$$

式中　D^*——温度场特征尺寸,m;

$\dot{Q}$——热释放速率,kW;

ρ_∞——初始环境密度,取 1.205 kg/m^3;

c_∞——初始比热容,取 1.01×10^3 $J/(kg \cdot K)$;

g——重力加速度,9.8 m/s^2;

δ——最小网格尺寸。

需要注意的是,$4 < D^*/\delta < 16$ 只是 FDS 官方说明中对一般性火灾给出的参考标准,并不意味着只有严格按照这一取值划分网格才能得到满足要求的计算结果。

下面的命令定义了一个网格

&MESH IJK = 10,20,30,XB = 0.0,1.0,0.0,2.0,0.0,3.0 /

该命令中,&MESH 表示网格命令组。FDS 采用三维笛卡儿坐标系,XB 表示该网格以点(0.0,0.0,0.0)和(1.0,2.0,3.0)为顶点。I,J,K 分别表示在 X,Y,Z 3 个方向上划分单元格的数量。也就是说,该命令创建了一个长 1 m、宽 2 m、高 3 m 的网格,并在 X,Y,Z 方向分别划分为 10,20,30 份,共划分 10×20×30 = 6 000 个单元格。显然,每个单元格都是边长 0.1 m 的正方形。

FDS 允许有多个 mesh 组成整个计算区域。一般而言,各个 mesh 应该是相互连接的。每个 mesh 由一个 &MESH 命令组来定义,每个 mesh 可以有不同的单元格划分尺寸。如果各个 mesh 有交叉的部分,输入文件中先定义的 mesh 将会覆盖后定义者。FDS 对相邻或重叠的 mesh 有一定的要求,见表 4.2。

表 4.2　邻接、重叠网格的不同形式

	理想情况下,相连的网格应在连接处具有共同的单元格节点

续表

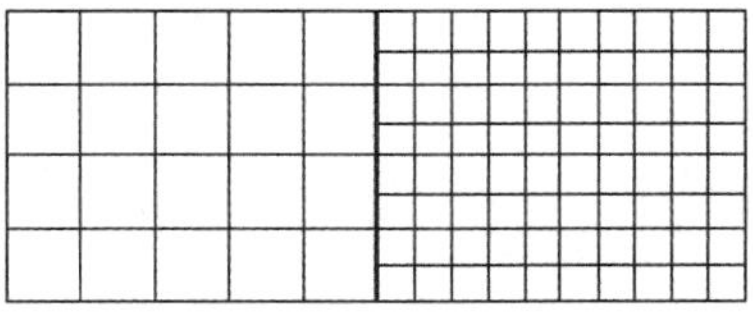	如果一侧的单元格划分比另一侧更密,则较密一侧的单元格应尽量与较疏一侧共用节点
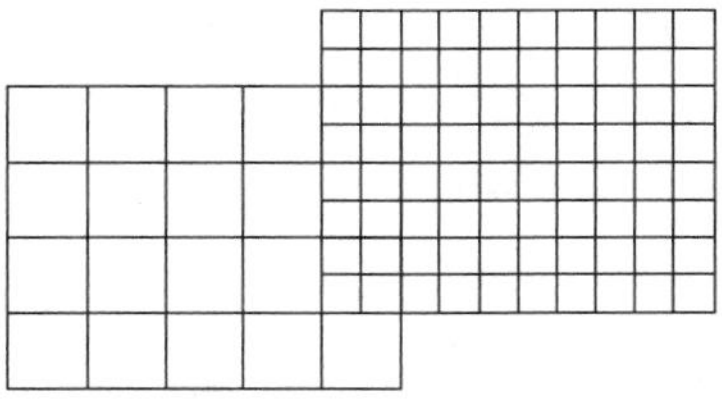	不推荐左图这种网格交叉方式,这很容易引起计算数值的错误
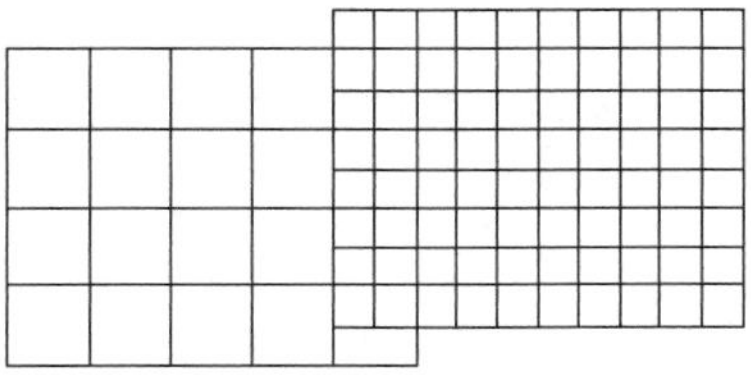	交叉部分最下方的较大单元格没有全部与小单元格重叠,这种网格是无法计算的
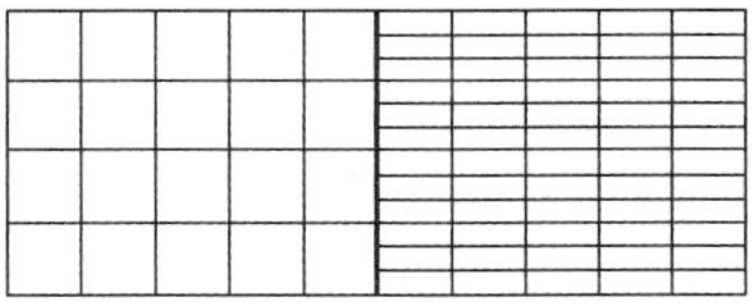	这种网格同样无法计算,因为两侧单元格没有共用节点

网格的划分对计算的精度和速度有显著的影响。通常情况下,为了调试模型,应首先设置比较粗糙的网格,并尽量使网格趋近于正方体(X,Y,Z 3 个方向上的尺寸相当)。

&MISC 命令组包含了 FDS 中一些全局参数。例如,P_INF 表示环境压力,默认为 101 325 Pa,也就是一个大气压。TMPA 表示环境温度,默认为 20 ℃。SIMULATION_MODEL 表示模拟计算所用的数学模型,默认为 LES,即大涡模拟,其他值还有 DNS(直接数值模拟)、VLES(可理解为更大涡的模拟)等。更改这一参数需要读者对计算流体力学有较深入的理解。

4.6　初始条件

与其他数值模拟一样,FDS 计算需要一系列初始值。通常情况下,默认温度为 20 ℃,地面压力为一个大气压,气体压力和温度随海拔(Z 方向坐标)上升而下降。这种下降仅在大型室外区域的模拟中影响较为明显,而对一般建筑火灾(通常高度在几十米)的影响可以忽略。

使用 &INIT 命令组可对特定区域内的初始气体组分、温度、密度、热释放速率及空气流速进行设定。例如

> &INIT XB=0.0,0.1,0.0,0.025,0.0,0.1,
> MASS_FRACTION(1)=0.21,SPEC_ID(1)='OXYGEN',
> MASS_FRACTION(2)=0.06,SPEC_ID(2)='PROPANE' /

这条命令首先用 XB 参数划定了一个矩形区域,此区域氧气的质量分数为 21%,丙烷的质量分数为 6%。读者不难理解上述命令的含义。其中,MASS_FRACTION 也可替换为 VOLUME_FRACTION,即设定气体的体积分数。

类似地,以下的命令设定了特定区域内的温度为 60 ℃,相对密度为 1.13。需要注意的是,温度和密度是通过气体状态方程相互关联的。因此,FDS 会忽略根据先设定的温度值进行初始化,再使用后设定的密度值进行初始化。如果根据密度计算出的温度与之间的设定温度不同,将会覆盖之前的设定值。事实上,对 &INIT 命令设定的所有值,当与之前已有的值出现冲突时,FDS 会将之前的值覆盖。

> &INIT XB=0.0,0.1,0.0,0.025,0.0,0.1,TEMPERATURE=60.,DENSITY=1.13/

4.7　固体导热

不论是在实际情况还是数值模拟中,火灾的增长都与周围物体的热力学边界条件密切相关。物体表面热量的传递与受热分解等是十分复杂的特性,许多物质的定量特征难以确定,但在数值模拟过程中却不得不对其进行描述。就目前火灾数值模拟的现状而言,即使能对物质材料的热物性有较全面的了解,也会由于模型算法与计算网格等原因影响计算的结果。因此,热边界条件的设定常常是火灾数值模拟中最为困难的部分,也是计算误差的主要来源之一。

前面的章节中提到,FDS 中计算区域和障碍物的边界默认为惰性恒温表面,如果需要指定其他类型的表面,需要定义 &SURF。在 FDS 中,固体障碍物由一个或多个"层"构成,每个层又可包含一个或多个"材料"。这些属性决定了固体的传热和燃烧特性。每种"材料"由 &MATL 命令组定义。首先来看下面的例子。

> &MATL ID='BRICK',CONDUCTIVITY=0.69,SPECIFIC_HEAT=0.84,DENSITY
> =1600. /
> &SURF ID='BRICK WALL',MATL_ID='BRICK',COLOR='RED',BACKING=
> 'EXPOSED',THICKNESS=0.20 /
> &OBST XB=0.1,5.0,1.0,1.2,0.0,1.0,SURF_ID='BRICK WALL' /

这段命令首先定义了一种 ID 为 BRICK 的材料,导热系数为 0.69,比热为 0.84,密度为 1 600;然后定义了一个 ID 为 BRICK WALL,材料为 BRICK 的表面;最后定义了一个障碍物,表面为 BRICK WALL。需要注意的是,尽管 &OBST 中 XB 的第三和第六个值均为 1.0(意味着这个障碍物是一个 Z 方向上没有厚度的"薄"障碍物),但由于 &SURF 中定义了 THICKNESS=0.20,因此,在传热计算时,该障碍物具有 0.2 m 的厚度,这与它在几何意义上没有厚度是不矛盾的。事实上,XB 属性定义的尺寸影响的是障碍物的几何特征,占用计算区域的网格,主要影响流动的计算,而传热的计算取决于 THICKNESS 的值,障碍物中的温度场是垂直于表面方向的一维传热计算的结果。

障碍物表面也可设定为恒定值。在 &SURF 命令组中,有 TMP_FRONT 参数,其取值的单位为℃。例如,如果设置 TMP_FRONT=100. ,则该表面温度恒定为 100 ℃,此时不需要设置 THICKNESS,因不需要对传热进行计算。此外,&SURF 中也可只设置 ADIABATIC=. TRUE. ,这意味着该表面与气体不发生任何热交换。

上文提到,表面可包含多个层,而每个层也可包含多个材料。例如

```
&SURF ID ='BRICK WALL'
MATL_ID(1,1:2)='BRICK','WATER'
MATL_MASS_FRACTION(1,1:2)=0.95,0.05
MATL_ID(2,1)='INSULATOR'
COLOR ='RED'
BACKING ='EXPOSED'
THICKNESS =0.20,0.10
```

这段命令中,表面包含两个层:第一层包含两种材料,分别为 BRICK(质量分数为 95%)和 WATER(质量分数为 5%);第二层包含一种材料,名为 INSULATOR。不难发现,这实际上模拟了一个带有绝缘层的砖墙,且砖层含水率为 5%。

4.8　气体组分

在 FDS 中,气体组分采用两种方式描述:一种称为原始组分(Primitive specie),另一种称为集成组分(Lumped specie)。简单来说,原始组分即单质,集成组分即混合物(由多种原始组分混合而成)。从在火灾过程中的作用和变化来区分,气体组分可能有以下类型:第一种是参与化学反应或输运过程,需要为其单独建立一个输运方程,求解该组分任意时刻的空间浓度分布;第二种是作为"背景气体"存在,不参加化学反应,自始至终分布都是一致的;第三种组分是与其他组分混合在一起,随其他组分一起输运,如火灾产生的燃烧产物,几乎总是混合在一起的,即使产物中含有多种气体组分,也不需要单独为各个

组分建立输运方程,只需要关注混合物的运动,以及各个组分所占的比例即可。这种混合物在 FDS 中即称为集成组分。默认情况下 FDS 认为燃烧是混合控制的,并且气体组分只有"燃料""产物"这两个集成组分,另外一个集成组分"空气"作为背景气体存在。

用户可通过 &SPEC 命令来定义一个组分,所定义的组分既可作为原始组分单独存在,也可成为集成组分的一部分,或作为背景气体存在。现来看一段实例命令代码。

```
&SPEC ID = 'HYDROGEN' /
&SURF ID = 'LEAK', SPEC_ID(1) = 'HYDROGEN', MASS_FLUX(1) = 0.01667,
RAMP_MF(1) = 'leak_ramp' /
&RAMP ID = 'leak_ramp', T = 0. , F = 0.0 /
&RAMP ID = 'leak_ramp', T = 1. , F = 1.0 /
&RAMP ID = 'leak_ramp', T = 180. , F = 1.0 /
&RAMP ID = 'leak_ramp', T = 181. , F = 0.0 /
&VENT XB = -0.6, 0.4, -0.6, 0.4, 0.0, 0.0, SURF_ID = 'LEAK', COLOR = 'RED' /
&DUMP MASS_FILE = .TRUE. /
```

这段命令中,&SPEC 命令组定义了一种 ID 为 HYDROGEN 的组分,即氢。用户不需要在这里对该组分的具体性质进行设置,因为 HYDROGEN 是 FDS 数据库中内置的组分,其他内置组分见表 4.3。第二行的 &SURF 命令组设置了 SPEC_ID(1) = 'HYDROGEN',MASS_FLUX(1) = 0.016 67,这实质上模拟了一个氢气的通风口。通风口的质量流量以 ID 为 leak_ramp 的 &RAMP 自定义函数控制。将在本章的最后讨论 &RAMP 命令组的具体使用方法。

表 4.3 FDS 中内置的组分

组分	摩尔质量	化学式
ACETONE	58.079 14	C_3H_6O
ACETYLENE	26.037 280	C_2H_2
ACROLEIN	56.063 260	C_3H_4O
AMMONIA	17.030 52	NH_3
ARGON	39.948 000	Ar
BENZENE	78.111 84	C_6H_6
BUTANE	58.122 200	C_4H_{10}
CARBON	12.010 7	C
CARBON DIOXIDE	44.009 500	CO_2

续表

组分	摩尔质量	化学式
CARBON MONOXIDE	28.010 100	CO
CHLORINE	70.906	Cl_2
DODECANE	170.334 84	$C_{12}H_{26}$
ETHANE	30.069 040	C_2H_6
ETHANOL	46.068 440	C_2H_5OH
ETHYLENE	28.053 160	C_2H_4
FORMALDEHYDE	30.025 980	CH_2O
HELIUM	4.002 602	He
HYDROGEN	2.015 880	H_2
HYDROGEN ATOM	1.007 940	H

FDS 允许用户自定义表 4.3 中未包含的组分,或重写默认组分的属性值。

在 &SPEC 命令组中,如果设置 LUMPED_COMPONENT_ONLY = . TRUE. ,则该组分只能用于集成组分中。对于 FDS 程序而言,则不需要单独消耗计算资源计算该组分单独的分布情况。如果 &SPEC 定义的组分作为背景气体存在,在可设置 BACKGROUND = . TRUE. ,设置为背景气体的组分仍可作为集成组分的一部分。如果没有设置背景气体,则 FDS 默认的背景气体为空气,即氮气、氧气、水蒸气及二氧化碳组成的集成组分。如果在 &SPEC 命令组中直接定义 MASS_FRACTION_0 = 0.2(0.2 为属性值,可取不大于 1 的正实数)属性,则默认计算区域内充满 20% 的该气体。

默认情况下,空气的湿度为 40% ,需要修改这一数据时,可设置 &MISC 命令组中的 HUMIDITY 属性。如果单独为 WATER VAPOR 组分指定了 MASS_FRACTION_0 属性,也不会影响湿度,而是直接加入额外的水蒸气。

下面以空气为例,来看一下集成组分的定义,首先来看代码。

```
&SPEC ID = 'NITROGEN', BACKGROUND = . TRUE. / Note:The background must be
defined first.
    &SPEC ID = 'OXYGEN', MASS_FRACTION_0 = 0.23054 /
    &SPEC ID = 'WATER VAPOR', MASS_FRACTION_0 = 0.00626 /
    &SPEC ID = 'CARBON DIOXIDE', MASS_FRACTION_0 = 0.00046 /
```

上面的代码中,分别定义了氮气、氧气、水蒸气及二氧化碳,分别设置了质量分数,并把氮气设定为背景气体。这样的设定虽然能正确地定义空气的各个组分,但除了氮气,其他 3 种气体都要单独计算。

再来看下面的代码。

```
&SPEC ID = 'NITROGEN', LUMPED_COMPONENT_ONLY = . TRUE. /
&SPEC ID = 'OXYGEN', LUMPED_COMPONENT_ONLY = . TRUE. /
&SPEC ID = 'WATER VAPOR', LUMPED_COMPONENT_ONLY = . TRUE. /
&SPEC ID = 'CARBON DIOXIDE', LUMPED_COMPONENT_ONLY = . TRUE. /

&SPEC ID = 'AIR', BACKGROUND = . TRUE. ,
SPEC_ID(1) = 'NITROGEN', MASS_FRACTION(1) = 0. 76274,
SPEC_ID(2) = 'OXYGEN', MASS_FRACTION(2) = 0. 23054,
SPEC_ID(3) = 'WATER VAPOR', MASS_FRACTION(3) = 0. 00626,
SPEC_ID(4) = 'CARBON DIOXIDE', MASS_FRACTION(4) = 0. 00046 /
```

上面的代码中,首先分别定义了 4 种气体组分,并通过设置 LUMPED_COMPONENT_ONLY = . TRUE. ,使其作为集成组分的成分。然后定义了 AIR 组分,该组分含有 SPEC_ID(X)属性,其中 X 取值 1~4,分别对应了上面定义的 4 种组分,这样就将 AIR 组分定义为了集成组分。注意到 AIR 组分的 BACKGROUND 属性为 TRUE,这就意味着所有的 4 种组分都不需要单独计算,大大节省了计算资源。

如果确实需要单独计算某个默认为 LUMPED_COMPONENT_ONLY 的组分,只需要单独对该组分进行重写即可。例如,只需

```
&SPEC ID = 'CARBON DIOXIDE'/
```

此时,二氧化碳组分被重写为无 LUMPED_COMPONENT_ONLY 的组分,可单独进行计算。

4.9 燃 烧

默认情况下,FDS 采用混合控制的燃烧模型,即可燃物与氧气间的反应速度是无穷大的,只要两者充分混合,立刻发生反应并生成燃烧产物。本章仅讨论最为常见的混合控制燃烧的设置方式,更具体的燃烧模拟内容将在后续章节展开。

为了简化计算,尽管可能有许多不同的化学反应出现在火灾中,但在 FDS 中,默认只需设置一个贯穿全局的气相反应,液体或固体的燃烧统一换算为该气相反应。整个简化反应的方程式可表述为

$$C_x H_y O_z N_v + v_{O_2} O_2 \longrightarrow v_{CO_2} CO_2 + v_{H_2O} H_2O + v_{CO} CO + v_S Soot + v_{N_2} N_2$$

用户只需要指定一氧化碳和烟气的产量以及燃料中氢元素的比例,FDS 会自动按比例计算其他化学计量数。其计算方式为

$$v_{O_2} = v_{CO_2} + \frac{v_{CO}}{2} + \frac{v_{H_2O}}{2} - \frac{z}{2}$$

$$v_{CO_2} = x - v_{CO} - (1 - X_H) v_S$$

$$v_{H_2O} = \frac{y}{2} - \frac{X_H}{2} v_S$$

$$v_{CO} = \frac{W_F}{W_{CO}} y_{CO}$$

$$v_S = \frac{W_F}{W_S} y_S$$

$$v_{N_2} = \frac{v}{2}$$

$$W_S = X_H W_H + (1 - X_H) W_C$$

具体而言,定义一个化学反应需要用到 &REAC 命令组。最简单的情况下,可采用 FDS 内置的可燃物。此时,只需要显式地定义出该可燃物即可,不需要额外任何属性。

```
&REAC FUEL = 'METHANE' /
```

此时,默认该可燃物与空气完全反应,产物完全为二氧化碳和水。

```
&REAC FUEL = 'PROPANE'
SOOT_YIELD = 0.01
CO_YIELD = 0.02
HEAT_OF_COMBUSTION = 46460. /
```

上面的命令重写了名为 PROPANE 的可燃物,设置了烟和一氧化碳在产物中的占比分别为 1% 和 2%,同时指定燃烧热为 46 460 kJ/m³。由于 PROPANE 也是 FDS 中已有的组分,因此不需要设置其分子式。

```
&REAC FUEL = 'MY FUEL'
FORMULA = 'C3H8O3N4'
HEAT_OF_COMBUSTION = 46124. /
```

上面的代码中,定义了名称为 MY FUEL 的可燃物,并具体说明了其分子由 3 个 C、8 个 H、3 个 O 及 4 个 N 构成,这样就向 FDS 显式地提供了化学反应方程式,使得燃烧可以计算。

4.10　辐　射

大多数情况下 FDS 中的辐射只需要保持其默认值,用户不必为此在输入文件中输入任何代码。如果用户确实需要修改辐射的相关设置,则需要编写 &RADI 命令组。该命令组在输入文件中仅可存在一个。

如果计算实例中的温度变化很小,可在 &RADI 命令组中直接设置 RADIATION = .FALSE.。此时,FDS 将不再计算辐射。对于含有燃烧反应的算例而言,此时燃烧反应的燃烧热将按一定比例直接减小。减小的比例通过 &RADI 命令组中的 RADIATIVE_FRACTION 属性来控制。

由于实际火灾的尺度通常远远大于火焰厚度(通常在毫米量级),绝大多数的 FDS 网格无法精确计算火焰结构,进而也不能精确地计算辐射分数。因此,只能通过经验的方式人为地设置 RADIATIVE_FRACTION 的值,来确定辐射热在热传导中所占的比例。默认情况下,可通过表4.4 来确定辐射分数的值。

表4.4　常见组分的辐射分数

组分种类	辐射分数χ_r
ACETONE	0.30
ACETYLENE	0.45
BENZENE	0.45
BUTANE	0.35
DODECANE	0.40
ETHANE	0.25
ETHANOL	0.20
ETHYLENE	0.35
HYDROGEN	0.10
I SOP ROP ANOL	0.30
METHANE	0.20
METHANOL	0.20
N-DECANE	0.40
N-HEP TANE	0.40
N-HEXANE	0.40
N-OCTANE	0.40
P ROP ANE	0.30
PROP YLENE	0.35

续表

组分种类	辐射分数 χ_r
TOLUENE	0.45
All other species	0.35

如果同时存在多个可燃性组分,则通过各组分在反应中产生的热来加权计算总辐射热。

4.11　通　风

建筑物中通常配备有通风系统,要对这些系统组件进行模拟,在 FDS 中可以有两种方式来实现:一种是设定带有速度边界条件的通风面(VENT);另一种是借助 FDS 中固有的 HVAC 系统。首先来看第一种。

```
&SURF ID='SUPPLY',VEL=-1.2,COLOR='BLUE' /
&VENT XB=5.0,5.0,1.0,1.4,2.0,2.4,SURF_ID='SUPPLY' /
```

上面的命令定义了一种名为 SUPPLY 的表面,并设定 VEL=-1.2,意味着该表面有速度为 1.2 m/s 的气流通过,方向为朝向计算区域方向(送风)。将该表面赋给一个特定的 VENT,就将这个 VENT 模拟为一个固定尺寸、固定风速的进风口。需要注意,这里用 XB 属性设定的几何尺寸并不是确定的,因为 VENT 的边界很可能并不在单元格的边界上,当 FDS 进行网格划分时,VENT 边界会近似到邻近的网格上,造成实际尺寸与设定尺寸不一致。因此,可用体积流量 VOLUME_FLOW(单位 m³/s)代替流速 VEL。VOLUME_FLOW 和 VEL 对符号的约定是相同的,即负值表示流入计算区域内(送风),正值表示流出到计算区域外(排风)。VOLUME_FLOW 和 VEL 不能在同一个 SURF 命令组中同时声明。类似地,也可设定某个 SURF 有固定的质量流量,该属性为 MASS_FLUX_TOTAL,单位为 kg/(m² · s)。

下面的命令设定了一个表面温度为 50 ℃ 的进风面,可用于模拟空调等设备。

```
&SURF ID='HEATER',VEL=-1.2,TMP_FRONT=50. /
&VENT XB=5.0,5.0,1.0,1.4,2.0,2.4,SURF_ID='HEATER' /
```

许多情况下,工程实际中的通风口并非垂直于壁面方向,而是带有百叶窗等结构,使送风的方向与壁面之间有一定的夹角。注意下面命令。

```
&SURF ID='LOUVER',VEL=-2.0,VEL_T=3.0,0.0 /
```

该命令中,VEL 表示垂直于壁面方向(该 SURF 所在面的法线方向)的分速度,而

VEL_T 分别表示另外两个方向的分速度。如果 VEL 为 Y 方向,则 VEL_T 依次表示 X,Z 方向的分速度,若 VEL 为 Z 方向,则 VEL_T 依次表示 X,Y 方向的分速度。需要注意的是,VEL 的正负号分别表示出入计算区域的方向,而 VEL_T 的正负号则表示坐标系方向(正值即沿相应坐标轴的正方向)。

在 FDS 中,另一种对通风系统进行模拟的方法是使用 &HVAC 命令组。HVAC 是 Heating,Ventilation and Air Conditioning 的英文缩写,即供热通风与空气调节。FDS 中的 &HVAC 命令组采用一种简化的方式,即不再要求用户逐个描绘出通风设备的具体几何特征,而只是采用抽象的方式,将管道、气阀、风机等简化为一些线和节点。图 4.9 展示了 HVAC 系统简化的方式,可以看到一条排烟通道被简化为进口(一个点)、出口(另一个点)和管路(一条折线)3 个元素。

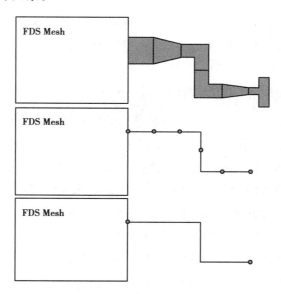

图 4.9   HVAC 系统简化示意图

对室外空间的模拟,自然风对火的影响不可忽略,&WIND 命令组可定义自然风。FDS 中对风的模拟基于 Monin-Obukhov 相似理论。下面的命令定义了自然风,并将其应用于一个 VENT 上。

&WIND SPEED=5.,DIRECTION=225.,L=−100.,Z_0=0.03 /
&VENT PBY=...,SURF_ID='VENT1',WIND=.TRUE. /

上面的命令中,SPEED 属性为风速(m/s),DIRECTION 属性表示风的方向,取值为 0 表示北风,即从北向南吹,沿着 FDS 默认坐标系的−Y 方向。DIRECTION=90 表示东风,即 FDS 默认坐标系的−X 方向,以此类推。L 表示奥布霍夫长度,取值为−200 ~ 200,200 表示风十分稳定,−200 表示十分不稳定。Z_0 表示空气动力学粗糙度,一般海平面取

0.000 2,光滑表面(如冰面等)取 0.005,机场、草原等开阔地取 0.03,有少量植被、建筑物的地方可取 0.1 ~ 0.5,郊区、村庄或森林取 1.0,城市取 2 以上。

4.12　装置与控制

除火灾自身的发生与发展以外,人为设施的各类消防设施设备对火灾的影响不可忽略。此外,常见建筑中还有感烟探测器等火灾探测预警装置,它们一方面能实时监测火灾中的参数变化,另一方面也可联动启动消防设备设施。FDS 对这些所有装置的定义统一在 &DEVC 命令组中进行定义。具体设备的性质在 &PROP 命令组中定义。

```
&PROP ID = 'K-11',QUANTITY = 'SPRINKLER LINK TEMPERATURE',
RTI = 148. ,C_FACTOR = 0.7,ACTIVATION_TEMPERATURE = 74. ,
OFFSET = 0.10,PART_ID = 'water drops',
FLOW_RATE = 189.3,PARTICLE_VELOCITY = 10. ,SPRAY_ANGLE = 30. ,80./
&DEVC ID = 'Spr_60',XYZ = 22.88,19.76,7.46,PROP_ID = 'K-11' /
```

上面的代码定义了一个喷头,从下往上看。&DEVC 命令组中设置了该装置的 ID 为 Spr_60 这是该设备的标识,而 PROP_ID 属性为 K-11,使得该 &DEVC 与上面设置的 ID 为 K-11 的 &PROP 命令组相关联。XYZ 表示该装置的空间位置,值为 3 个方向的坐标值。

&PROP 中首要的属性是 QUANTITY。上面的代码中,该值设定为 SPRINKLER LINK TEMPERATURE,这代表着这是一个采用标准响应时间系数(Response Time Index,RTI)来计算的喷头。后续的属性与该值密切相关。RTI 表示响应时间系数,默认为 $100(m \cdot s)^{1/2}$,C_FACTOR 表示传热系数,默认为 $0(m/s)^{1/2}$,ACTIVATION_TEMPERATURE 为动作温度,默认为 74 ℃,INITIAL_TEMPERATURE 代表初始温度,默认为 TMPA,即环境温度。FLOW_RATE (L/min) 或 MASS_FLOW_RATE (kg/s),表示流量。OFFSET 默认为 0.05 m,表示喷头喷出的液滴在喷口处的覆盖区域半径,FDS 假设在 OFFSET 距离之外液滴已完全分散。PART_ID 使之与某种粒子相关联,即喷头喷出的粒子类型。PARTICLE_VELOCITY 单位为 m/s,表示初始的粒子速度。SPRAY_ANGLE 表示喷头的喷角。

除了采用标准响应时间系数来自动开启的喷头,还可设置人为控制开启的喷头。例如

```
&DEVC XYZ = 23.91,21.28,0.50,PROP_ID = 'nozzle',ORIENTATION = 0,0,1,
QUANTITY = 'TIME',SETPOINT = 0. ,ID = 'noz_1' /
&DEVC XYZ = 26.91,21.28,0.50,PROP_ID = 'nozzle',ORIENTATION = 0,0,1,
```

```
QUANTITY = 'TIME', SETPOINT = 5. , ID = 'noz_2' /
&PROP ID = 'nozzle', PART_ID = 'heptane drops', FLOW_RATE = 2.132,
FLOW_TAU = -50. , PARTICLE_VELOCITY = 5. , SPRAY_ANGLE = 0. , 45. /
```

该段代码中, &PROP 属性中没有 QUANTITY 属性, 仅指定了 PART_ID 为 heptane drops, 并给出了流量、流速和喷角等参数。这其实定义了一个庚烷喷头, 但这个喷头是抽象存在的, 既没有位置, 也没有设置开启或关闭。也就是说, 虽然定义了一个此类的喷头, 但并没有将其加入火灾场景中。在两个 &DEVC 命令组中分别通过设置 PROP_ID, 将该喷头进行了"实例化", 即在场景中确定的两个位置设置了两个具体的喷头。其中, X, Y, Z 同样给出了空间位置。ORIENTATION 属性则表示喷头的朝向, 其取值为 3 个以逗号隔开的实数, 代表方向向量, 即 ORIENTATION = X, Y, Z 表示朝向为向量 (X, Y, Z) 的方向。QUANTITY 取值为 TIME, 与后面的 SETPOINT 属性一起, 确定了喷头开始工作的时间, 上面的代码中, 前一个喷头在第 0 秒时开启, 后一个喷头在第 5 秒开启。

并非所有的 &DEVC 命令组都需要定义 PROP_ID 属性, 例如

```
&DEVC ID = 'TC-23', XYZ = 3.0, 5.6, 2.3, QUANTITY = 'TEMPERATURE' /
```

该命令组定义了一个 QUANTITY 为 TEMPERATURE 的装置, 这相当于定义了一个温度探测器 (热电偶), FDS 在计算过程中会记录该处的温度随时间的变化, 并将其记录在输出的文件 (CHID_devc.csv) 中。输出的数据文件中, 会有一个以该 ID 的值命名的列来储存温度变化的数据。

更符合实际工程的温度探测器可采用下面的方式来定义。

```
&DEVC ID = 'HD_66', PROP_ID = 'Acme Heat', XYZ = 2.3, 4.6, 3.4 /
&PROP ID = 'Acme Heat', QUANTITY = 'LINK TEMPERATURE', RTI = 132. ,
ACTIVATION_TEMPERATURE = 74. /
```

上面命令中, &PROP 中的 QUANTITY 属性为 LINK TEMPERATURE, 表示这是一个以标准响应时间来计算的温度探测器, 其他属性的含义与前面设置自动喷头时的含义相同。

感烟探测器可通过类似下面的代码来设定。

```
&DEVC ID = 'SD_29', PROP_ID = 'Acme Smoke Detector', XYZ = 2.3, 4.6, 3.4 /
&PROP ID = 'Acme Smoke Detector', QUANTITY = 'CHAMBER OBSCURATION',
LENGTH = 1.8, ACTIVATION_OBSCURATION = 3.24 /
```

该段代码定义了一个单参数 Heskestad 模型的感烟探测器, 关于该模型的实现及参数将在第 5 章具体展开讨论, 此处仅关注其在输入文件中的设置方式。

类似地, 一个四参数的 Cleary 模型感烟探测器可定义为

```
&PROP ID='Acme Smoke Detector I2',QUANTITY='CHAMBER OBSCURATION',
ALPHA_E=1.8,BETA_E=-1.1,ALPHA_C=1.0,BETA_C=-0.8,
ACTIVATION_OBSCURATION=3.24 /
```

4.13　粒子系统

FDS 中的粒子系统可用来模拟任何小的液滴、颗粒、示踪粒子或其他因体积过小无法用网格来解析的实体。前文讨论喷头时,其中就有 PART_ID 的属性,即这种喷头喷出的液滴。在 FDS 数据库中没有已定义的粒子可被 PART_ID 属性直接引用,所有的粒子均需要用户自定义。就像 &SURF 命令组包含固体边界或通风孔的性质一样,&PART 命令组包含微粒和小液滴的信息。当用户通过 &PART 命令组定义了一种粒子后,该粒子即可在整个模型中被引用。

例如,下面的命令定义了 ID 为 my smoke 和 my water 的粒子。

```
&PART ID='my smoke',.../
&PART ID='my water',.../
```

这些拉格朗日微粒可通过 &SURF 命令组在一个固体表面上被引入,例如

```
&SURF ...,PART_ID='my smoke' /
```

或像前文讨论喷头的设置时那样,从 &PROP 命令组调用,来指定喷头喷射的液滴的性质。例如

```
&PROP ID='Acme Spk-123',QUANTITY='SPRINKLER LINK TEMPERATURE',
PART_ID='my water',.../
```

当粒子被指定在某个表面上时,除非该粒子能在该表面被燃烧,否则必须指定非零的、指向计算区域的粒子速度,使得其可正常地进入计算区域。

注意,微粒在上表面指定的表面必须有一个非零的正常速度,指向计算区域。如果表面燃烧,这自动就会发生,但是如果不燃烧,必须指定。

粒子系统最简单的应用就是模拟示踪粒子,即无质量、不参与物理化学变化,仅用于显示流场作用的粒子。

```
&PART ID='tracers',MASSLESS=.TRUE.,.../
```

上面的命令定义了一个示踪粒子,当 MASSLESS 属性为 TRUE 时,该粒子即成为无惯性、无物理化学活性的粒子,不计算其反应及传热等。

粒子系统更为普遍的应用是模拟液滴或固体颗粒。对于液滴而言,具体的属性又包

括热物性、辐射特性、粒度分布及二次破碎等。

液滴的成分为水时,可设定 &PART 的属性 SPEC_ID ='WATER VAPOR',此时,该颗粒直接采用水的热物性和辐射吸收参数,并且在后处理中被显示为蓝色,这无疑是最便捷的设置方式。其他常见的属性及其含义包括:

DENSITY_LIQUID 表示颗粒的密度,单位为 kg/m^3。

SPECIFIC_HEAT_LIQUID 表示颗粒的比热,单位为 kJ/(kg · K)。

RAMP_CP_L 表示比热随温度的变化关系。

VAPORIZATION_TEMPERATURE 表示液滴沸点。

MELTING_TEMPERATURE 表示熔点。

ENTHALPY_OF_FORMATION 表示气体生成焓,单位为 kJ/mol。

HEAT_OF_VAPORIZATION 为液滴蒸发的相变潜热,单位为 kJ/kg。

H_V_REFERENCE_TEMPERATURE 为上述液滴相变潜热对应的温度。

DIAMETER 表示颗粒的粒度中位数,单位为 μm。颗粒的直径围绕该值服从一定的概率分布,默认分布为 ROSIN-RAMMLER-LOGNORMAL 形式,即

$$F(D) = \begin{cases} \dfrac{1}{\sqrt{2\pi}} \displaystyle\int_0^D \dfrac{1}{\sigma D'} \exp\left(-\dfrac{[\ln(D'/D_{v,0.5})]^2}{2\sigma^2} \right) \mathrm{d}D' & (D \leqslant D_{v,0.5}) \\ 1 - \exp\left(-0.693\left(\dfrac{D}{D_{v,0.5}} \right)^\gamma \right) & (D > D_{v,0.5}) \end{cases}$$

其中,对数分布的宽度可通过 SIGMA_D 属性来设置,默认为 $\sigma = 2/(\sqrt{2\pi}(\ln 2)\gamma) = 1.15/\gamma$,Rosin-Rammler 分布的跨度可通过 GAMMA_D 来设置,默认 $\gamma = 2.4$。

如果对液体颗粒设置 BREAKUP = .TRUE.,则该粒子在进入计算区域后还可进行二次破碎。此时,需要设置 SURFACE_TENSION(N/m),即液体表面张力,并且定义破碎比 BREAKUP_RATIO,默认为 3/7。

如果定义液滴的蒸发组分为 FUEL,则蒸发出的气体会参与由 &REAC 命令定义的燃烧反应。在 FDS 案例文件夹中有名为 spray_burner.fds 的案例,其中的两个喷头喷出庚烷,并在空间中进行燃烧。该输入文件中有以下片段

```
&REAC FUEL ='N-HEPTANE',SOOT_YIELD = 0.01,HEAT_OF_COMBUSTION
=44500./
&DEVC ID ='nozzle_1',XYZ =4.0,-.3,0.5,PROP_ID ='nozzle',
QUANTITY ='TIME',SETPOINT =0./
&DEVC ID ='nozzle_2',XYZ =4.0,0.3,0.5,PROP_ID ='nozzle',
QUANTITY ='TIME',SETPOINT =0./
&PART ID ='heptane droplets',SPEC_ID ='N-HEPTANE',
```

```
QUANTITIES(1:2)='PARTICLE DIAMETER','PARTICLE TEMPERATURE',
DIAMETER=1000.,HEAT_OF_COMBUSTION=44500.,SAMPLING_FACTOR=1 /
&PROP ID='nozzle',CLASS='NOZZLE',PART_ID='heptane droplets',
FLOW_RATE=1.97,FLOW_RAMP='fuel',
PARTICLE_VELOCITY=10.,SPRAY_ANGLE=0.,30./
&RAMP ID='fuel',T=0.0,F=0.0 /
&RAMP ID='fuel',T=20.0,F=1.0 /
&RAMP ID='fuel',T=40.0,F=1.0 /
&RAMP ID='fuel',T=60.0,F=0.0 /
```

相信读者通过阅读前面的内容,应可比较容易地读懂这段代码。

上面所谈到的各种属性几乎都是针对液态颗粒,如果需要设定的粒子为固体,则需要在 &PART 命令组中加入 SURF_ID 属性,并将其值与一个 &SURF 命令组相关联。此处的 &SURF 包含该固态液滴的表面性质,与前文设置障碍物和通风面时所用到的表面是相同的。

关于粒子系统更复杂的应用,请参考第 5 章中的相关内容。

4.14 自定义函数

FDS 提供用户自定义函数来设置输入文件中的某些参数值,通过这些函数,可将参数值设置为随时间、空间、温度等变化的量。&RAMP 命令组允许设置一个自变量和一个因变量,&TABL 命令组则可设置多个自变量和因变量。

前文讨论的所有命令属性的值均为常数,实际上 FDS 支持属性值为函数式。FDS 默认在初始计算时,计算区域的各处均为室温,速度均为 0,各组分质量相等,在开始计算后的 0 ~ 1 s,逐渐变化到设定值。通过设置全局参数命令组 &MISC 中的 TAU_DEFAULT 属性可改变这一时间。默认情况下,温度、速度、组分等随时间的变化式为

$$\phi(t)=\begin{cases} \phi_0(t/t_{TAU})^2 & t_{TAU}>0 \\ \phi_0\tanh(t/t_{TAU}) & t_{TAU}<0 \end{cases}$$

式中 t_{TAU}——TAU_DEFAULT 的值,默认为 1 s;

ϕ_0——某用户设定的物理量,如温度、速度等。

例如,TAU_DEFAULT 为 1 s,用户设定某处温度为 100 ℃,默认室温为 20 ℃,则 0.5 s 时该处的实际温度为

$$(100-20)℃\times\left(\frac{0.5}{1}\right)^2+20 ℃=40 ℃$$

如果需要对特定物理量的变化进行设定,就需要用到自定义函数。FDS 中的自定义函数采用 &RAMP 和 &TABL 两个命令组来实现。先来看下面的命令。

&SURF ID = 'BLOWER', VEL = − 1. 2, TMP_FRONT = 50. , RAMP_V = 'BLOWER RAMP',

RAMP_T = 'HEATER RAMP' /
&RAMP ID = 'BLOWER RAMP', T = 0.0, F = 0.0 /
&RAMP ID = 'BLOWER RAMP', T = 10.0, F = 1.0 /
&RAMP ID = 'BLOWER RAMP', T = 80.0, F = 1.0 /
&RAMP ID = 'BLOWER RAMP', T = 90.0, F = 0.0 /
&RAMP ID = 'HEATER RAMP', T = 0.0, F = 0.0 /
&RAMP ID = 'HEATER RAMP', T = 20.0, F = 1.0 /
&RAMP ID = 'HEATER RAMP', T = 30.0, F = 1.0 /
&RAMP ID = 'HEATER RAMP', T = 40.0, F = 0.0 /

上面的命令中,定义了一个 SURF。其中,VEL 和 TMP_FRONT 两个属性前文已介绍,而 RAMP_V、RAMP_T 则分别与 VEL 和 TMP_FRONT 对应,取值为下面几行定义的 &RAMP 函数。先来看前 4 行,ID 为 BLOWER RAMP 的命令,这 4 行命令的区别在于后面的 T 和 F 的取值不同。其中,T 代表时间,F 代表物理值达到其设定值的比例。对于上面的例子而言,当 T = 0 时,F = 0,意味着此时的 VEL 为 0(尽管 VEL 设定值为−1.2),当 T = 10 时,F = 1.0,此时 VEL 取值等于其设定值−1.2。若 F = 0.5,则 VEL = 0.5 ∗ −1.2 = −0.6。

这时的关键在于,&SURF 命令中,VEL 和 RAMP_V 两个属性本身具有关联,前者是常数值,而后者声明了前者的变化。表 4.5 为 FDS 支持自定义函数的所有物理量、所处的命令组、对应的常数属性名以及对应的 TAU 值和 RAMP 属性名。

表 4.5 支持自定义函数的属性

物理量	命令组	输入参数名	TAU 值	RAMP 值
Volume Flow	HVAC	VOLUME_FLOW	TAU_ FAN	RAMP_ ID
Heating Rate	HVAC	FIXED_ Q	TAU_ AC	RAMP_ ID
Heat Release Rate	SURF	HRRPUA	TAU_ Q	RAMP_ Q
Heat Flux	SURF	NET_ HEAT_ FLUX, etc.	TAU_Q	RAMP_ Q
Temperature	SURF	TMP_ FRONT	TAU_T	RAMP_ T
Velocity	SURF	VEL	TAU_V	RAMP_ V
Volume Flux	SURF	VOLUME_ FLOW	TAU_V	RAMP_ V
Mass Flux	SURF	MASS_ FLUX_ TOTAL	TAU_V	RAMP_ V

物理量	命令组	输入参数名	TAU 值	RAMP 值
Mass Fraction	SURF	MASS_ FRACTION（N）	TAU_MF(N)	RAMP_ MF(N)
Mass Flux	SURF	MASS_ FLUX（N）	TAU_MF(N)	RAMP_ MF(N)
Particle Mass Flux	SURF	PARTICLE_ MASS_ F LUX	TAU_PART	RAMP_PART
External Heat Flux	SURF	EXTERNAL_ FLUX	TAU_EF	RAMP_EF
Pressure	VENT	DYNAMIC_ PRESSURE		PRESSURE_ RAMP
Flow	PROP	FLOW_ RATE	FLOW_TAU	FLOW_ RAMP
Gravity	MISC	GVEC(1)		RAMP_GX
Gravity	MISC	GVEC(2)		RAMP_GY
Gravity	MISC	GVEC(3)		RAMP_GZ

　　类似地,除了设置随时间变化的函数,还可设置随温度、随空间变化的函数。下面的命令中,材料的比热和导电性随温度变化。需要注意的是,随温度变化的 RAMP 中,属性 F 代表的值并不是比例系数,而是实际的物理量值。因此,在 &MATL 命令组中也不存在前文那样一组对应的属性。当程序执行到 SPECIFIC_HEAT_RAMP = 'c_steel' 时,将直接从 c_steel 所在的 &RAMP 命令中读取／计算 SPECIFIC_HEAT_RAMP 的值。

```
&MATL ID = 'STEEL' FYI = 'A242 Steel' SPECIFIC_HEAT_RAMP = 'c_steel'
CONDUCTIVITY_RAMP = 'k_steel' DENSITY = 7850. /
&RAMP ID = 'c_steel', T = 20. , F = 0.45 /
&RAMP ID = 'c_steel', T = 377. , F = 0.60 /
&RAMP ID = 'c_steel', T = 677. , F = 0.85 /
&RAMP ID = 'k_steel', T = 20. , F = 48. /
&RAMP ID = 'k_steel', T = 677. , F = 30. /
```

第 5 章　使用 PyroSim 构建 FDS 模型

在前面的章节中，我们花了大量的篇幅来讲述 FDS 软件包的实现原理和输入文件编制的语法要求。读者朋友们一定觉得，如果单纯地使用文本编辑工具编写 FDS 输入文件，将是一件费时费力的工作，特别是对具有复杂几何条件的火灾场景，输入文件可能长达数百行以上，既烦琐，也容易出现各类错误。鉴于此，Thunderhead Engineering 基于 FDS 开发了名为 PyroSim 的软件，使得 FDS 建模的效率大大提升。本章将对 PyroSim 软件的使用方法进行详细的拆解。

5.1　PyroSim 简介

PyroSim 实质上是一个图形化的 FDS 接口程序。通过 PyroSim，用户可在桌面环境下所见即所得地设置几何模型，设置模型参数，并调用 FDS 进行求解计算。在 PyroSim 软件中操作的过程本质上就是编写 FDS 输入文件的过程。只是 PyroSim 通过图形界面使得这一过程变得更为直观，大大提高了建模的速度。同时，输入文件由 PyroSim 自动生成，并且在计算前自动检查格式的正确性，在很大程度上避免了用户手动编写 FDS 输入文件可能出现的各类错误。

PyroSim 的重要特性有：
- 通过输入 CAD 文件来创建和管理复杂的模型。
- 高品质的 2D 和 3D 几何建模工具。
- 完整支持并行运算。
- 公制和英制单位的灵活切换。
- 多个网格管理工具。
- 多语言系统。
- HVAC（加热、通风、空调）系统。
- 导入已有的 FDS 工程。
- 完善的后处理程序。

最新的 PyroSim 版本可在官方网站下载，网站同时提供了安装说明等一系列技术支持。读者也可通过访问官方网站查看官方教程。

　　每个 PyroSim 版本都是与 FDS 捆绑发行的，并与特定版本的 FDS 相兼容。用户可使用 PyroSim 运行任何版本的 FDS，但 PyroSim 会生成基于 FDS 版本的输入文件。因此，在切换 PyroSim 的 FDS 版本之前，尤其要注意理解不同版本输入文件的差别。更改 FDS 的版本需要首先安装特定版本的 FDS，然后在 PyroSim 的 File 菜单选择 Preferences，在 FDS Execution 那里选择安装 FDS 所在的文件夹，最后单击 OK 键确认。

　　图 5.1 为 PyroSim 主界面。整个界面与常见的 CAD 建模软件类似。顶部为标题栏、菜单栏，往下为命令按钮栏。下方主体位置最左侧类似于"资源管理器"，其中分类罗列了所有已经载入的模型部件。中部偏左竖向排列的工具栏为建模工具，可快捷地将各类元素添加到模型中。右侧最大的区域是模型实时视图，以所见即所得的方式展示了模型的当前状态。

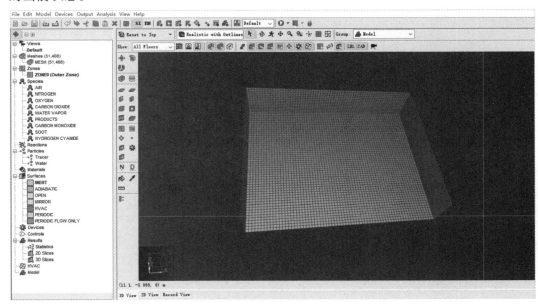

图 5.1　PyroSim 界面

5.2　文件操作

　　如图 5.2 所示为 PyroSim 的 File 菜单。其中，大多数命令是读者非常熟悉的新建、打开、保存、另存为等常见操作。单击" Write Protection…"命令会打开一个对话框，引导用户设置密码，对当前工程文件进行写保护。

　　Preferences 命令将打开一个如图 5.3 所示的对话框。该对话框

图 5.2　File 菜单

中可设置软件使用的基本参数,如 FDS 文件的精度、自动保存文件的间隔等。

如图 5.4 所示,名为 FDS 的选项卡中有以下信息:可设置与 PyroSim 共同使用的 FDS 和 Smokeview 程序的位置。如果用户更改了程序的位置,需要在此进行设定。如果没有绑定的 FDS 和 Smokeview,PyroSim 将无法执行计算和后处理工作。

使用 PyroSim 分析时会产生多个文件。其中,最主要的是扩展名为. psm 的文件。该文件储存整个 PyroSim 项目的所有设置信息,包括几何设置、网格划分和模型参数等,但不包括计算的结果。

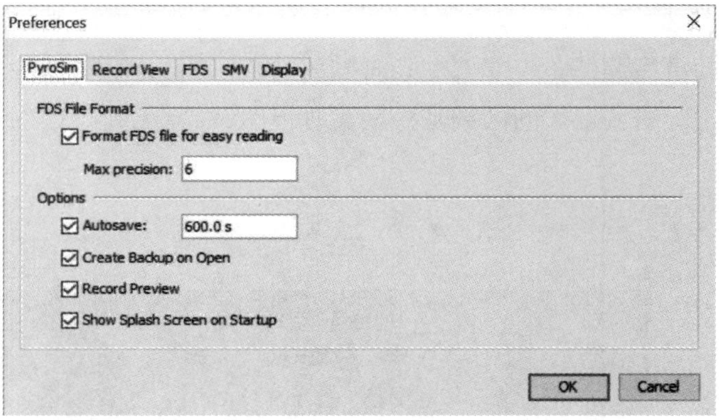

图 5.3　Preferences 对话框 PyroSim 选项卡

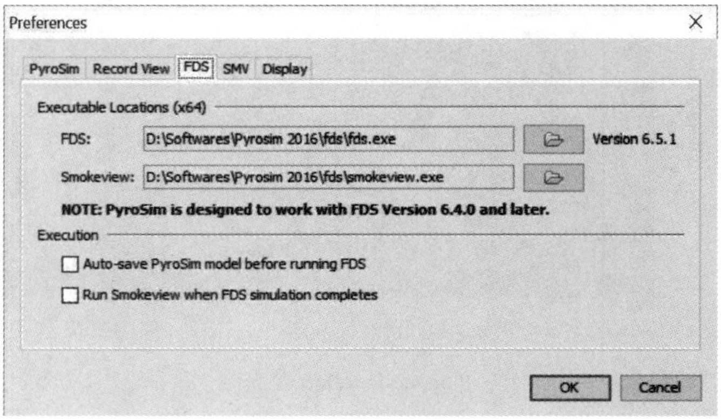

图 5.4　Preferences 对话框 FDS 选项卡

通过 File 菜单的 Import FDS/CAD File 命令和 Export 命令,用户可导入已有的 FDS 文件或将 PyroSim 创建的模型输出为标准的 FDS 输入文件。导入 FDS 文件时,PyroSim 将检查输入文件的格式、语法正确性,并创建对应的 PyroSim 模型,输入文件有误时用户将收到提示。

PyroSim 允许用户读入多种类型的 CAD 文件格式,如 DXF,DWG,STL 等。每个文件类型均提供了多样化的几何特征,既可直接呈现为几何模型,也可作为 PyroSim 几何建模的参考。

　　导入选项对话框中,用户可设置长度单位,如图 5.5 所示,Model Bounds 用来帮助用户选择合适的长度单位。Model Bounds 随着选择的单位而改变。如果输入文件的体积较大,用户可能需要单击 Calculate 按钮计算长度。

　　导入 DWG、DXF 文件后,PyroSim 会把 3D 面数据(如障碍物等)都变成分隔的 CAD 数据。在 PyroSim 中绘图时,带有 CAD 数据的物体可作为参考被对齐,并不转换成任何类型的 FDS 几何体。CAD 文件中带有面的对象要么被当成单一的、有一定体积的固体障碍物,要么当成一系列薄的障碍物的组合,这取决于 CAD 文件中的实体性质。下列类型的 CAD 对象实体在 PyroSim 中被当成障碍物:3D Solid,Mass Element,Mass Group,Roof,Slab4,Roof Slab,Stair,Wall,Door,Window,Curtain Wall,Curtain Wall Unit,Curtain Wall Assembly,Structural Member。其他类型的带面的实体(如多边形网格、多面网格),则被 PyroSim 转化为薄物体的组合。

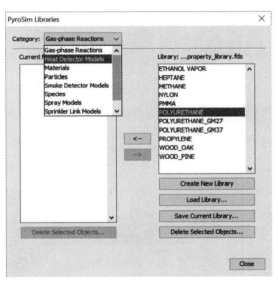

　　图 5.5　Import Option 对话框　　　　　图 5.6　PyroSim 库操作

　　Model 菜单中的 Edit Libraries 命令将打开如图 5.6 所示的对话框。该对话框用于编辑 FDS 中已有的数据库。点开 Category 下拉菜单,可看到 FDS 内置的所有库,包括气相反应、材料、粒子等。选择特定的库,相应的内容会显示在右侧的列表中。用户可点击向左的箭头,将某条内容加入左侧的 Current Model 列表中。这样,就将对应的信息加入当前的 PyroSim 模型中,随时可以调用。

　　值得一提的是,所有的这些库均是用 FDS 标准输入文件写成的,用户可创建自定义的库,也可修改甚至删除任意内置的库。右下角的按钮提供了这些功能。

5.3 视 图

PyroSim 提供 4 个编辑模式:3D 视图、2D 视图、导航视图(Navigation)及记录视图(Record)。其中,导航视图始终存在于程序窗体的左侧,其他 3 种视图可在 View 菜单中进行切换,如图 5.7 所示。

图 5.7　在 View 菜单中切换视图

如果一个物品在其中一个视图中被添加、移动或选择,这些操作也会同步在其他视图中。

5.3.1　导航视图

导航视图是一个树形结构的视图,位于 PyroSim 程序窗体的左侧,如图 5.8 所示。在其上右键单击将显示一个功能菜单。鼠标左键拖动物体可改变物体的顺序。

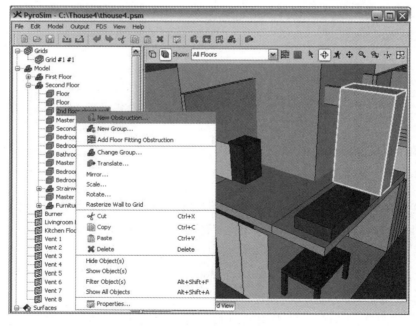

图 5.8　导航视图及右键菜单

5.3.2　3D 视图

使用 3D 视图可便捷地获得模型的视觉形象,并能方便地执行一些拖动。用户可在 3D 下浏览和选择物体。这个视图也提供了一些显示过滤工具来显示或隐藏某些类别的物体,或在不同层间切换。

如图 5.9 所示为 3D 视图下的工具箱。

图 5.9　3D 视图下的工具箱

选择／修改工具 Select/Manipulate Tool(▶):最基础的工具。左键单击选中物体。左键拖动框选物体。双击左键选择并打开物体的属性对话框。按住 Alt 键选择当前物体的上级物体。右键单击打开下拉菜单。中键拖动平移。右键拖动,旋转。

轨道工具 Orbit Tool(✥):与选择工具的区别在于,拖动任何鼠标键均可转动镜头。按住 Shift 拖动任何鼠标键为平移。按住 Alt 键为缩放。

漫游模式 Roam Tool(✹):该选项让用户可进入模型内部。这个工具可能需要一点时间来适应,但是一旦习惯了,就会发现它提供了非常特别的视角。拖动鼠标可以以摄像机为第一视角向四周观察,如图 5.10 所示,键盘上的 W,S,A,D 按钮可控制摄像机向前后、左右移动,这与第一人称视频游戏中的控制方式是十分相似的。按住 Alt 拖动鼠标可上下移动镜头方向,按住 Ctrl 键拖动鼠标可移动摄像机(与键盘操作效果一致)。

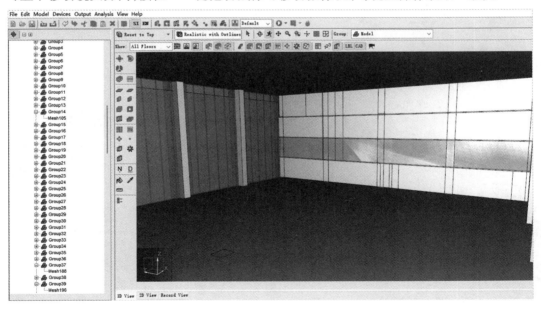

图 5.10　使用漫游模式查看建筑物内部

任何视图下,用户都可使用鼠标滚轮缩放视图。任何时候按下 按钮或 Ctrl+R 可重置视图。

在 3D 视图中,有许多方式可过滤视图,即选择显示特定的区域。通过定义楼层 Floors,用户可通过如图 5.11 所示的下拉菜单选择仅显示特定的区域。

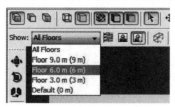

图 5.11　下拉菜单显示特定的区域

过滤视图工具栏如图 5.12 所示,通过该工具栏可以显示/隐藏对应类型的物体。

图 5.12　过滤视图工具栏

同样,对网格,也有相应的工具栏可显示或隐藏网格线、边界、轮廓。如图 5.13 所示为显示或隐藏网格线的工具栏及其对应的显示效果。

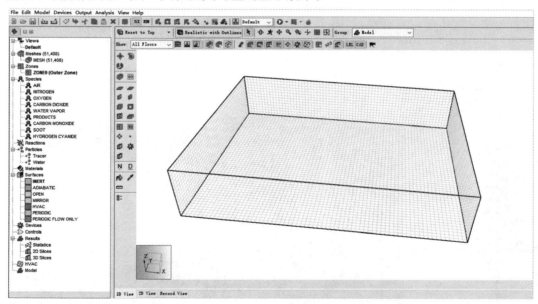

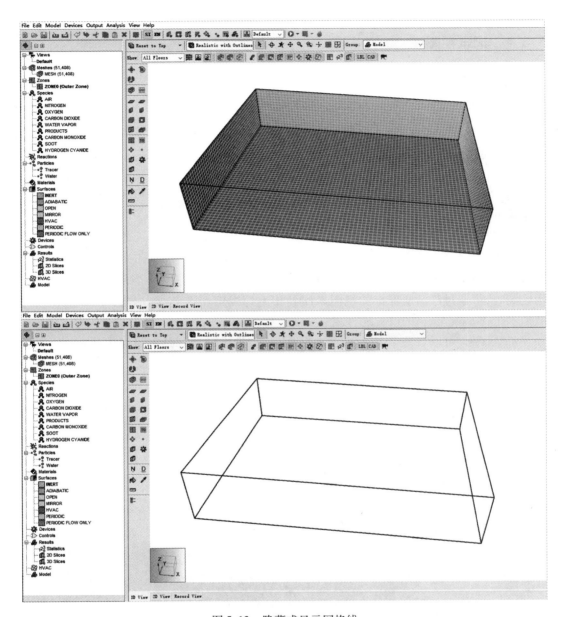

图 5.13　隐藏或显示网格线

5.3.3　2D 视图

2D 视图下，用户沿某一固定坐标方向正视模型，视角不能旋转。用户可选择从顶部、前方或侧面进行观察。2D 视图中没有轨道和漫游工具，视角的移动和物体的移动、缩放等都只能在垂直于视线的平面内进行。

5.3.4 记录视图

记录视图实时地反映了当前创建出的 FDS 输入文件。它包括两个部分：Model Records 其实就是 PyroSim 文件翻译成 FDS 输入文件的结果，而 Additional Records 就是用户自己加入的 FDS 命令。

5.3.5 视图的管理

PyroSim 允许用户将当前的显示区域进行储存，并称其为一个 View。在左侧树状列表中里面可对视图进行操作。

创建 View 的方法包括：在 View 菜单里选择 New View，Navigation 里面右键菜单中选择 New View，右键视图里面的空白区域选择 New View。执行创建 View 的操作会保存当前镜头的 Viewpoint 和 section box，并将当前视图设定为"活动的"。当用户切换到其他显示区域时，可通过激活所保存的视图来回到相应的视角。双击或右键选择 Set Active 可激活一个 View。View 的设置还可相互复制或移动。

每个 View 可以有一个 Viewpoint 与之相关联，包括 2D 或 3D 的摄像机位置、角度、放大倍数、类型。当前的轨道工具、漫游工具等也会一起被保存起来。Viewpoint 自动保存在最新创建的 View 里。同时，Save View 命令或 Save Viewpoint 命令也会对其进行保存。

5.3.6 选择盒

选择盒（Section box）是一个六面体盒子，用于划分出可视的几何区域，如图 5.14 所示。该几何区域之外的几何体将不会被显示。

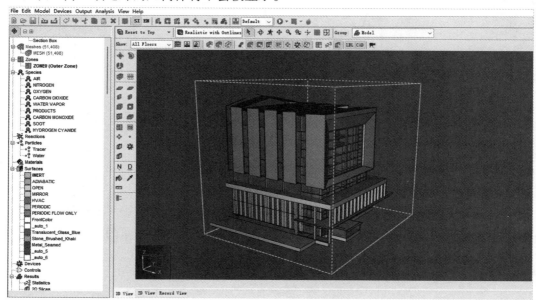

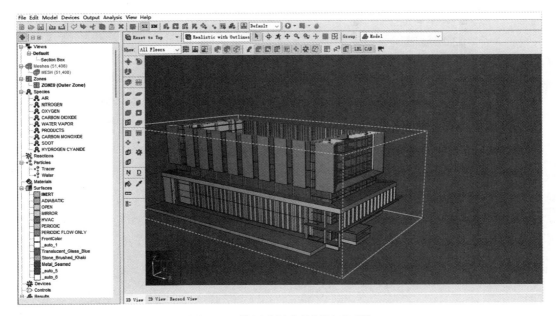

图 5.14　使用选择盒控制显示区域

　　Section box 用虚线框表示。每个都有一个颜色来指示盒子的轮廓以及被排除在视图之外的部分。Section box 的几何尺寸可以像其他的几何体一样被编辑。

　　后处理工具 Smokeview 也支持 Viewpoint 概念，与 PyroSim 是相似的。定义也类似，并储存在一个 Smokeview 的扩展名为 INI 的文件中。PyroSim 输出 FDS 格式文件时，也会同步输出包含 View 信息的 INI 格式文件。这个文件也可通过菜单 File→Export→Smokeview Viewpoint 单独导出。

5.4　生成网格

　　Model 菜单中的 Edit Meshes 命令用于编辑计算区域的网格，如图 5.15 所示，单击 New 按钮并输入一个名字，即可创建一个网格。可在该对话框中对网格的几何尺寸和单元格尺寸进行设置。PyroSim 将自动对网格与周围网格的适配程度进行检验，如果合格，Mesh Alignment Test 处将显示为 Passed。当用户设置了 X，Y，Z 3 个方向上划分单元格（Cells）的数目后，PyroSim 会自动显示单元格的尺寸并给出总的单元格数量（Number of cells for mesh）。网格的数量与计算所需要的时间紧密相关，作者所用的笔记本电脑为 Intel Core i5-6500U，内存 12 GB，如果计算的网格数超过 20 万个，通常需要 1 h 以上的时间。该时间同时与模型的复杂程度有关，仅供读者朋友们参考。

　　在该对话框的下方，可看到熟悉的 FDS 命令：

　　&MESH ID＝'Mesh01'，IJK＝40，40，12，XB＝0.0，10.0，0.0，10.0，0.0，3.0∕

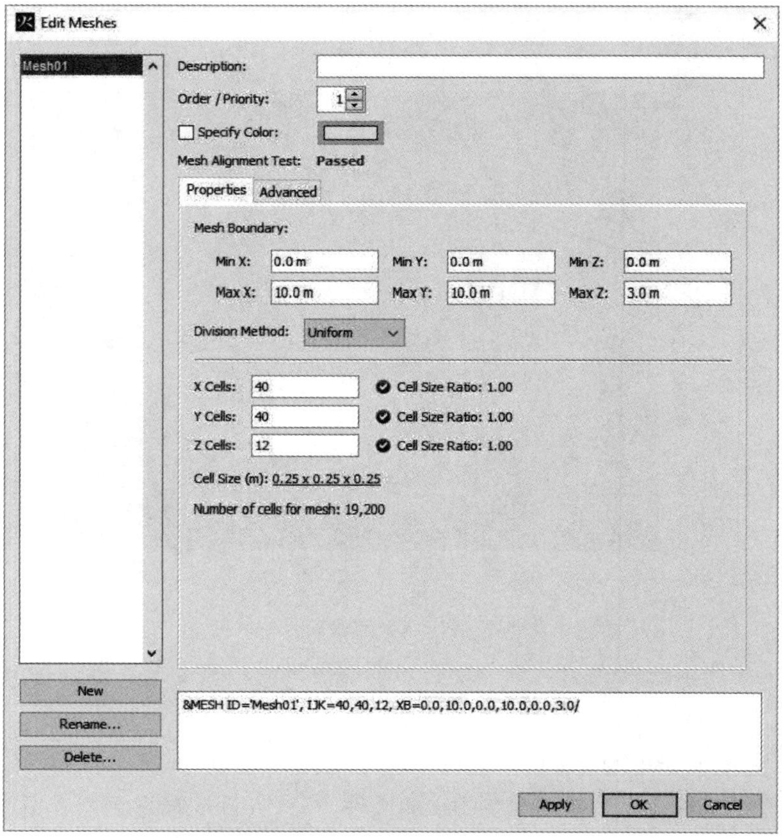

图 5.15　网格编辑对话框

　　显然,这与对话框中对网格进行的设置是一致的。实际上,整个 Model 菜单里所有的操作都是在编辑一个 FDS 输入文件,PyroSim 只是将这个过程变得更加友好。此处的 FDS 命令仅供预览,用户不能手动编辑。

　　此外,注意到对话框中还有一个 Advanced 选项卡,点开后有一个两列的列表,列名分别为 Name 和 Value,如图 5.16 所示。实际上,在此处进行的操作等同于在 &MESH 命令组中输入属性(对应 Name)和值(对应 Value),对 FDS 命令熟悉的用户完全可在此输入 PyroSim 界面中未纳入的 FDS 功能。Advanced 选项卡将出现在后续介绍的若干个对话框中,其作用均与此处相同。

　　所有的 FDS 计算都是在计算网格上进行的。在 PyroSim 中,建模过程可能构建出形态各异的几何图形,而对 FDS 计算,单元格的大小是一切对象的"最小分辨率",这就所有有几何尺寸的对象在进行计算前都会强制对齐到网格线上。许多不规则的对象可能在这个过程中产生用户并不希望的变化,有时甚至会导致计算错误。采用 Model 菜单中的 Convert to Blocks 命令,可提前查看几何对象对齐到网格后的真实形状。

　　以图 5.17 所示的不规则障碍物为例。

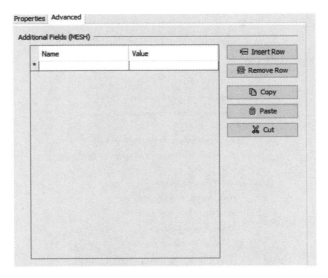

图 5.16　经常出现在 PyroSim 中的 Advanced 选项卡

　　当选择该障碍物,并执行了 Convert to Blocks 命令后,该图形变为图 5.18 所示的形态。这其实是进行 FDS 计算时该障碍物的真实状态。如果不进行 Convert to Blocks 的变换,则容易被其不规则的外形误导。

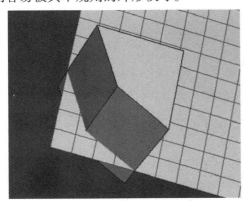

图 5.17　不规则的障碍物

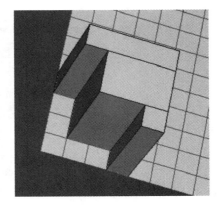

图 5.18　对齐到网格的障碍物

　　Convert to Blocks 命令可设置如图 5.19 所示的选项。各选项的含义十分清晰,此处不再赘述。

　　对于 FDS 计算而言,最理想的网格划分数目是 $2^u\,3^v\,5^w$ 的形式,其中 u,v,w 都是整数。例如,$64=2^6,72=2^3\times3^2,108=2^2\times3^3$ 是好的网格尺寸,37,99,109 就不是。同时,3 个方向上的网格划分数目都不应为质数。当网格数目不是最佳时,PyroSim 会给出提示。

　　下面通过一个例子来熟悉一下 PyroSim 建立网格的过程。首先在 Model 菜单中选择 Edit Meshes,并单击 New。按如图 5.20 所示输入网格边界的几何坐标(Mesh Boundary),以及各个方向的网格数量:X Cells,Y Cells,Z Cells 的值。可知,在网格数量输入框的右侧出

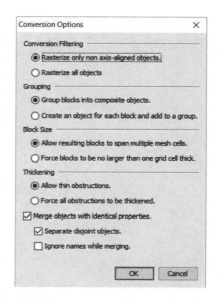

图 5.19　Convert to Blocks 命令选项

现绿色的对号标示,以及 Cell Size Ratio:1.00,这表明网格划分符合 PyroSim 推荐值,且各个方向的网格尺寸比例为 1:1:1。输入框下方显示了网格尺寸(Cell Size)以及网格数量(Number of cells for mesh)。

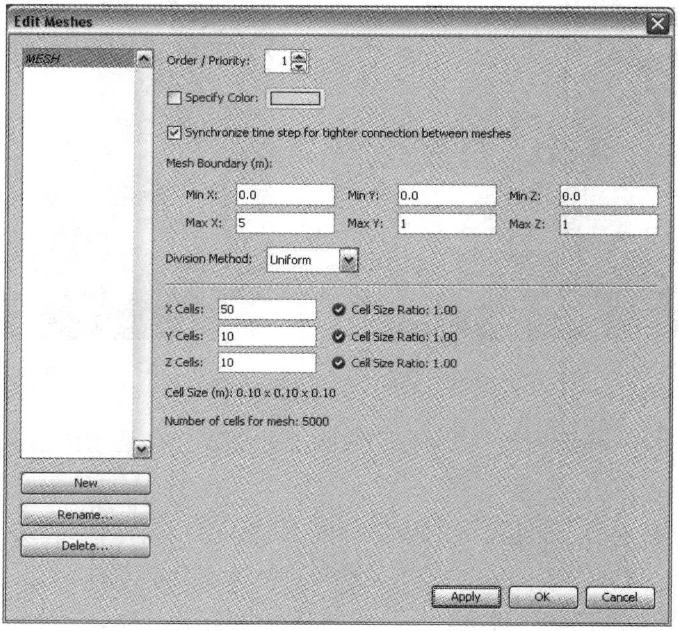

图 5.20　网格编辑对话框

　　新建另一个网格,并按照如图 5.21 所示输入边界尺寸。注意到,在划分方法(Division Method)处选择非均匀(Non-Uniform),则下方的网格尺寸定义变为了一个表格。表中,第一行和第四行,在 X 和 Z 两个方向上,网格数量均为 10 个、尺寸均为 0.1 m。
而表格的第二和第三行,均为对 Y 方向的定义,具体而言,从 Min Y 开始,首先划分出 10
个,大小为 0.1 m 的网格,然后是 5 个 0.2 m 的网格。通过简单的计算可知,两段的总长
度(10×0.1 m+5×0.2 m=2 m),这与 Max Y-Min Y 的值是一致的。如果网格的定义与其
边界的定义不一致,PyroSim 会弹出错误提示。

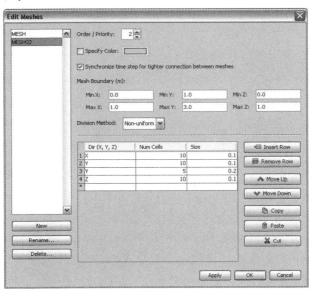

图 5.21　网格生成对话框

生成后的网格如图 5.22 所示。

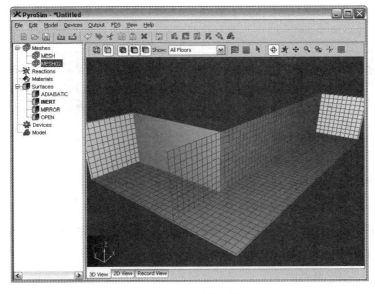

图 5.22　生成的网格

为了简化多重网格的生成工作,PyroSim 提供了以下的网格选项。

Split Mesh:把网格沿着特定的轴分隔。

Refine Mesh:将选定的网格细化或粗化,即边长乘以一个系数。

Merge Meshes:将多个网格合成一个。

用户可在导航视图中选择一个或多个网格,右键单击打开弹出菜单,然后选择相应的动作,如图 5.23 和图 5.24 所示。

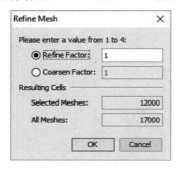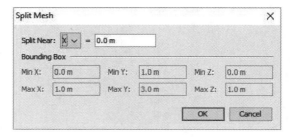

图 5.23　更改网格密度　　　　　　　　图 5.24　切分网格

同时,在右键菜单中还提供了 Open Mesh Boundaries 命令,单击该命令后,会生成一个名为 Vents for Mesh 的对象组。该组包含 6 个 Vents,分别代表网格的上下、左右、前后6 个外表面,可用于设置网格外表面的边界条件,如图 5.25 所示。

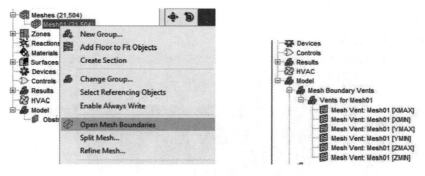

图 5.25　在导航视图中查看网格边界

5.5　材　料

通过 Model 菜单或导航视图中的 Materials 选项,可对材料进行编辑。在 PyroSim 中,用户可完全自定义一种新材料,也可通过素材库导入已定义的材料。如图 5.26 所示为Edit Materials 对话框,对应着 FDS 中的 &MATL 命令组。其中,通过单击 Add From Library按钮,从数据库中读入了名为 FOAM 的材料,相应的属性已显示在对话框中。

读者可以看到,Specific Heat 和 Conductivity 右侧有默认为 Constant 的下拉菜单。点开后可修改为 Custom,这对应着 FDS 中的自定义函数,即该属性的值可定义为与时间、温度等自变量有关的分段函数,如图 5.27 所示。

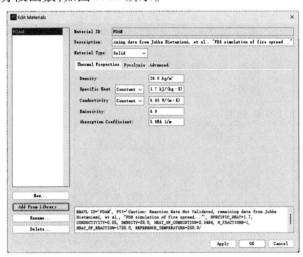

图 5.26 编辑材料

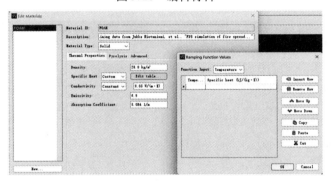

图 5.27 自定义函数的设置

创建一个自定义材料,需要给定以下属性:热属性(Thermal Preperties)选项卡,见表5.1。

表 5.1 热属性选项卡各项含义

属性	含义
Density	材料的密度
Specific Heat	材料的比热,可设置为温度的函数
Conductivity	材料的导热系数,可设置为温度的函数
Emissivity	辐射系数,1 表示最大辐射
Absorption Coefficient	吸收系数,表示热辐射可被吸收的深度

热解选项卡提供了设置燃烧热以及增加该材料燃烧时反应的选项。每个材料可以有最多 10 个反应。单击 Add 可增加一个反应。该反应有以下选项：热解（Pyrolysis）选项卡，见表 5.2。

表 5.2   固体热解选项卡各项含义

属性	含义
Pyrolysis Range	热解的温度范围
A（Pre-exponential Factor）	前置因子
E（Activation Energy）	活化能
Mass Fraction Exponent	质量分数指数
Exponent	指数
Value	模型参数
Heat of Reaction	反应的产热量，必须为正数
Endothermic/Exothermic	该反应为吸热反应还是放热反应
Residue	残余物质

液体材料的热属性（Thermal Properties）选项卡与固体材料完全相同。其热解（Pyrolysis）选项卡，见表 5.3。

表 5.3   液体热解选项卡各项含义

属性	含义
Heat of Vaporization	液体变成气体产生的热，必须是一个正数
Endothermic/Exothermic	该反应为吸热反应或放热反应
Heat of Combustion	燃烧热释放
Boiling Temperature	沸点
Residue	作为燃烧残留物的材料

5.6 表 面

Model 菜单的 Edit Surfaces 命令对应 FDS 中的 &SURF 命令组，用于定义表面。图 5.28 中，单击 New 按钮，可以看到，程序中已内置了 ADIABATIC，HVAC，INERT，MIRROR，OPEN，PERIODIC 等表面，还提供了 Basic，Burner，General Surface，Heater/Cooler，Supply，Exhaust，Layered，Air Leak 等表面类型，供用户便捷地创建所需的表面

类型。

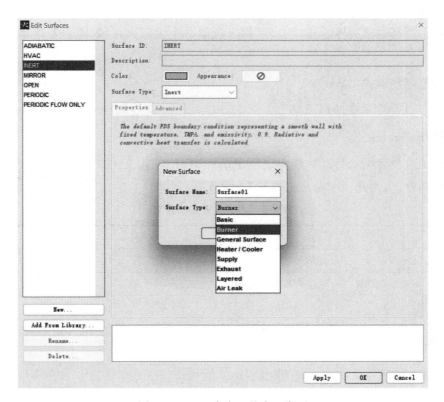

图 5.28　FDS 中内置的表面类型

1）绝热表面 ADIABATIC

该类表面没有从气体到固体的辐射或对流换热。FDS 仅计算壁面温度，网格上总的对流与辐射热通量是 0。

2）惰性表面 INERT

该表面固定在环境温度。气体与这种表面之间完全不发生热交换。这是 PyroSim 默认的表面。

3）镜像表面 MIRROR

这个表面只用于外部网格边界的出口上。镜像表面是一个无流量，自由滑动的表面。它可设置为一整个网格边界，镜像地复制整个区域。

4）开口表面 OPEN

这个表面只用在外部网格边界的开口上。它表示一个被动的开口通往外部，常用于模拟开着的门和窗。

5）周期表面 PERIODIC

只用在外部网格边界的开口上,可用来近似一个无限大区域,把已有区域沿此表面循环。

6）暖通系统表面 HVAC

只用于 HVAC 系统的通风面。

7）燃烧器 Burner

代表了一个有确定热释放速率或质量消耗率的火焰。它的参数包括热释放和粒子注入两个部分,表面选项卡含义见表 5.4—表 5.6。

表 5.4 表面属性各项含义

参数	说明
Heat Release	放热
Heat Release Rate(HRR)	单位面积的热释放速率
Mass Loss Rate	单位面积的质量损失率
Ramp-Up Time	仿真开始时,默认表面是不燃烧的,这里设置多少时间热释放率从环境值达到设定值
Extinguishing Coefficient	水灭火的熄灭系数
Thermal	热量
Surface Temperature	表面温度,输入 TMPA 代表环境温度
Convective Heat Flux	对流热,即表面上单位面积热流
Net Heat Flux	表面单位面积的净热通量
Ramp-Up Time	从环境温度上升到设定值所需要的时间
Emissivity	控制表面的辐射热。1 代表黑体,值越低辐射热越大

表 5.5 表面选项卡 Particle injection 各项含义

参数	说明
Emit Particles	允许表面发出粒子
Particle Type	选择一种粒子类型
Number of Particles per Cell	每个时间步长插入的粒子数目
Insertion Interval	颗粒插入固体网格中的频率
Mass Flux	对含有质量的颗粒,这个选项可指定每秒钟插入颗粒的数量

表 5.6　表面选项卡 geometric 各项含义

参数	说明
Geometry	设定参考表面的几何类型,可选择默认、笛卡儿、球形、圆柱形
Length	表面的长度,笛卡儿和柱坐标可用
Width	表面宽度
Radius	圆形表面的总半径
Half-Thickness	对笛卡儿几何,这个平面被认为是前后对称的,因此只需要定义半厚度

8)加热/制冷表面 Heater/Cooler

这种表面代表一个辐射热源,或理解为不含热释放的燃烧器。如果表面温度比空气温度高,则起到加热效果;如果低于空气温度,就从空气中吸收热量。

9)送风表面 Supply

这种表面一般用于模拟风机。其参数包括气流、温度、组分及颗粒 4 个部分,送风表面需要设置的各主要参数位于 Air-flow 和 Thermal 选项卡,各选项含义见表 5.7 和表 5.8。

表 5.7　Air flow 选项卡各项含义

参数	说明
Specify Velocity	定义空气通过开口移动的风速
Specify Volume Flux	定义开口处空气运动体积流量
Specify Mass Flux	定义质量流量
Specify…Individual Species	采用一个表,定义各个组分和它们的质量流量,这种方法需要模型引入一个额外的不反应组分
Tangential Velocity	给定气流的切向速度。第一个参数是 x 或 y 方向的速度,第二个是 y 或 z 方向的速度,由开口的法线方向确定
Ramp-Up Time	气流达到设定值所需要的时间
Wind Profile	设置风类型

表 5.8　Thermal 选项卡各项含义

参数	说明
Surface Temperature	燃烧器的表面温度。TMPA 表示环境温度
Convective Heat Flux	单位面积热流量
Net Heat Flux	单位面积净热流量

续表

参数	说明
Ramp-Up Time	表面从环境温度到达设定温度的时间
Emissivity	控制表面的辐射热。1 代表黑体,值越低辐射热越大

如果选择了 Specify Mass Flux of Individual Species 选项,并且有另外的非反应物在模型中,Species Injection 会生效。可用于模拟从该表面进入的特定组分。

10)吸收表面 Exhaust

吸收表面可用于从模拟中移走其他。与 supply 表面的设定是一样的,只是速度是向外的。Exhaust 表面没有 injection 和 geometry 属性。

11)分层表面 Layered

分层表面由一个或多个材料定义而成。材料包括固体和液体,如混凝土、松木和乙醇。这种类型的表面用于模拟墙壁等由实际材料构成的物体,分层表面需要设置的主要参数位于 Surface Props 选项卡,各项含义见表 5.9。

表 5.9　Surface Props 选项卡各项含义

参数	说明
Enable Leakage	选择两个压力区域通过该表面相互渗漏
Initial Internal Temperature	固体内部的初始温度
Backing	该表面背面的边界条件
Gap Temperature	只有 Backing 为 Air Gap 类型时有效,表示空气层中的空气温度
Temperature Ramp	制订从环境温度到设定温度的温度变化

特定表面的反应既可通过设置材料说明来指定,也可直接通过该表面进行设置。特定表面的反应需要设置的主要参数位于 Reaction 选项卡,各项含义见表 5.10。

表 5.10　Reaction 选项卡各项含义

参数	说明
Governed by Material	表面的反应通过材料的反应来控制
Governed Manually	手动设置反应,覆盖默认值
Heat Release Rate	单位面积热释放率
Mass Loss Rate	单位面积质量损失率
Ramp-Up Time	热释放率从初始值到达设定值的时间

续表

参数	说明
Extinguishing Coefficient	水灭火系数
Burn Immediately	使得燃烧反应在初始时刻即发生
Ignite at	使得燃烧反应在达到某个温度时发生
Heat of Vaporization	蒸发热
Allow obstruction to burn away	允许障碍物燃烧殆尽

12）空气泄漏表面 Air Leak

空气泄漏表面可用来在两个压力区域创建可穿越的区域。

Model 菜单的 Edit Appearances 命令允许用户为 &SURF 对象设置外观，如图 5.29 所示。用户可选择 PyroSim 预置的纹理图片，也可自行导入图片。在 Edit Surfaces 对话框中，可看到名为 Appearance 的按钮，可单击并选择此处的任意图片。关于 Appearance 的设置仅用于演示需要，对模型计算结果无任何实际影响。

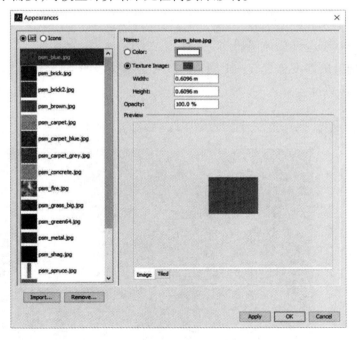

图 5.29　表面外观设置

5.7 几何建模

5.7.1 几何体的基本类型

PyroSim 提供了帮助用户构建和组织几何模型的工具。几何模型可在 2D 或 3D 视角下编辑。与 FDS 一样,PyroSim 中的典型几何体一般包括 3 类:Obstruction(障碍物)、Hole(孔洞)和 Vent(通风面)。用户可通过创建 floors 和 groups 来组织模型,也可设置 floors 的背景图片。

Obstructions 是 FDS 中的基础几何体。在 FDS 中,它们是矩形、轴对称的物体。在 PyroSim 中,Obstruction 可以是任何形状,可以有任意多的表面,每种表面的类型同样可以不一致。在模拟进行时,PyroSim 可自动将 Obstruction 转行为 FDS 计算所需的标准障碍物,如图 5.30 所示。

1)Obstruction

与 FDS 一样,PyroSim 包括以下两种类型的障碍物。

(1)Solid Obstruction(固体障碍物)

所有的方向上的厚度至少有一个网格。只有这种类型的障碍物才计算传热,在其表面可应用通风面(Vent)。

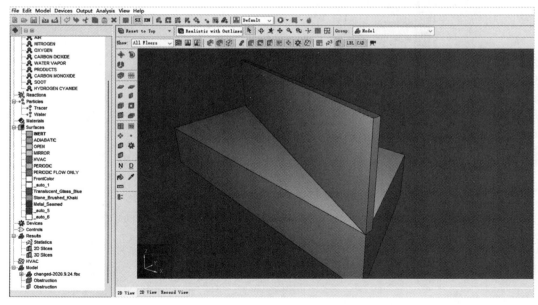

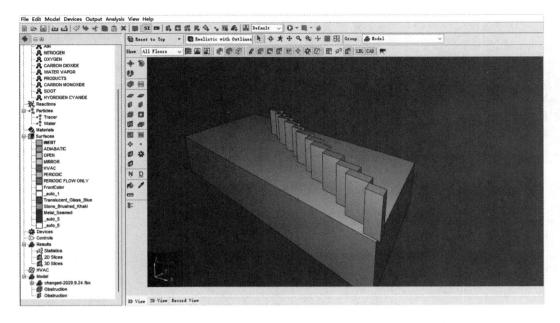

图 5.30　PyroSim 几何模型转化为 FDS 网格几何模型

（2）Thin Obstruction（薄障碍物）

某个方向上没有厚度，障碍物也没有体积，通常只用来阻碍流体运动。只有这类才能作为 fan 类型的物体存在。

用户可使用绘图工具或 Model 菜单的 New Obstruction 或 New Slab 命令创建新障碍物。

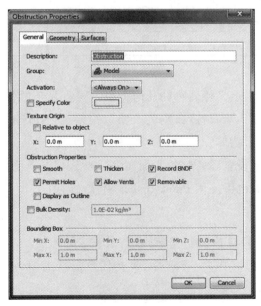

图 5.31　障碍物属性

图 5.31 为创建障碍物的对话框。在此可对障碍物的各项属性进行定义。其中，General 选项卡各项的具体含义见表 5.11。

表 5.11　障碍物属性各项含义

参数	说明
Description	人为设置的描述，不影响模拟结果，但会记录在 FDS 文件中
Group	所属的分组，便于在导航视图中进行管理
Activation	可将该物体捆绑到新的或已有的控制逻辑。控制逻辑可在满足一定条件时增加或删除物体
Specify Color	重新设置物体的材质颜色
Texture Origin 障碍物定位点坐标	
Relative to Object	在物体上附加材质时，默认情况下会建立基于原点的坐标系。勾选 Relative to Object 选项使坐标系建立在物体上
x,y,z	材质偏离默认材质原点的坐标值。如果选择了 Relative to Object，则全部为 0
Obstruction Properties 障碍物的性质	
Thicken	选择该选项意味着 FDS 不会将其转化为 2D 面
Record BNDF	选择这一选项后，该物体的数据将作为边界条件数据进行输出
Permit Holes	允许采用 Hole 来修改该几何体
Allow Vents	允许该几何体成为 Vent 的载体
Removable	允许物体可被活动事件移除，或允许 BURN_AWAY 型表面
Display as Outline	改变显示类型
Bulk Density	设置体积密度，覆盖物体提供的燃料

Geometry 选项卡用于定义障碍物的几何特征。对更复杂的物体，该选项卡包含一个含有多个坐标点和拉伸（Extrusion）数据的表格。拉伸是 PyroSim 中概念，用于将二维物体沿某一向量扩展为三维物体。

Surfaces 选项卡用于设置障碍物的表面属性。默认情况下物体的 6 个面都算 INERT 类型的表面。同时，表面也可使用 Paint Tool 来喷涂。

2）Hole

Hole 可理解为"负障碍物"，是在障碍物上做减法的方法。在 FDS 中，它们与障碍物一样只能是轴对称的矩形。在 PyroSim 中，支持任意形状的 Hole，PyroSim 可将其自动转换为 FDS 所支持的若干方块的组合。

PyroSim 对 Hole 的编辑与 Obstruction 类似。在 3D 和 2D 视图中，Hole 显示为透明的

物体,也可显示为如图 5.32 所示的样子。但对复杂的空洞结构 Hole,或切分了许多障碍物的大孔洞,这种显示方式可能速度较慢,必要时可取消 View 菜单中的 Cut Holes From Obstructions 选项。

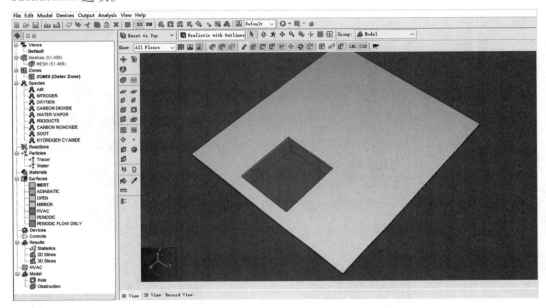

图 5.32　使用 Hole 工具切割障碍物

　　虽然 PyroSim 显示的是切除掉孔洞的障碍物,但在创建 FDS 输入文件时,PyroSim 生成的是切割前的障碍物以及待切割的孔洞,即在 FDS 输入文件中分别保留了两者的信息。默认情况下所有的障碍物都允许被孔洞切割。用户可设置障碍物的 Permit Holes 属性,使某些特点障碍物不能被切割。

　　通过 Model 菜单的 New Hole 命令或绘图工具栏上相应的命令,可创建新的 Hole。其属性窗口如图 5.33 所示。

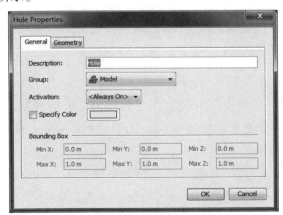

图 5.33　Hole 属性设置

3）Vent

Vent 用于在 FDS 中创建 2D 的矩形区域,如图 5.34 所示。该区域作为固体障碍物表面的一部分,或作为网格的边界面的一部分。Vent 可设置与周围的平面不同的边界类型。

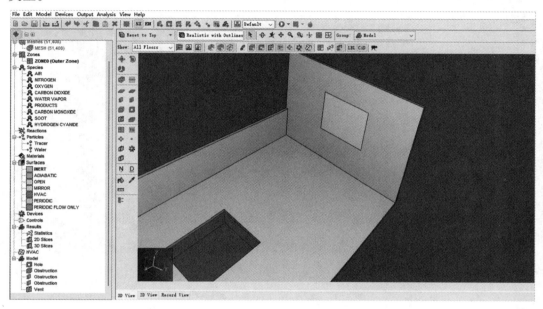

图 5.34　使用 Vent 工具创建通风面

按其字面意思理解,Vent 可用于模拟建筑物的通风系统,如送风机和排风机等。在这些情况下,Vent 在固体表面形成了通风管道的边界条件,用户不再需要创建单独的 Hole。

当然,Vent 也可用于设定固体表面局部的特殊边界条件。例如,火焰就常常设定在固体表面的某个 Vent 上面,并针对该通风口设定热条件和燃烧条件。

通风面的大多数属性都和障碍物相同,但通风面可设置 Fire Spread 选项。该选项可用来模拟在通风面快速传播的火焰。此外,通风面还可通过中心点和半径来定义,这样定义出的通风面是圆形的,属性选项卡如图 5.35 所示。

4）Group

Group 提供类似于"文件夹"的功能,用于管理模型中的对象。Group 仅出现在导航视图中。所有的模型对象都要存放在 Group 中,当用户对 Group 进行操作时,所做的更改会应用于其中的所有对象。

创建 Group 的方法有两种:导航视图上打开右键菜单,并选择 New Group;或在工具栏中选择 New Group 按钮。创建 Group 时,程序会弹出如图 5.36 所示的对话框,提示用户输入一个名称。

　　对已存在的对象,在导航视图中可直接将其拖动至任何 Group 中,也可在对象上单击右键,并选择 Change Group,如图 5.37—图 5.39 所示。

　　当在工具栏选择了当前操作的 Group 时,所有新建的对象将会自动编入该 Group 中。

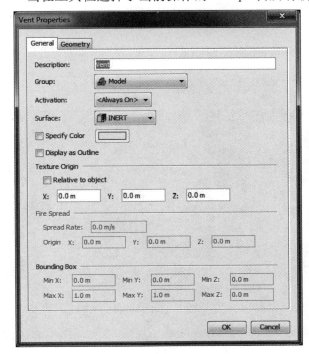

图 5.35　Vent 属性选项卡　　　　　　　　图 5.36　Greate Group 对话框

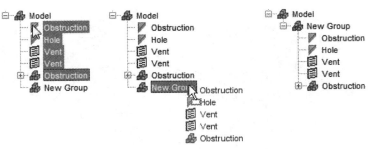

图 5.37　在导航窗口中更改分组

图 5.38　改变分组对话框

图 5.39 分组下拉菜单

5）Floors

Floors 用于剪裁模型场景，以便用于可观察到模型的某个部分，如图 5.40 所示。

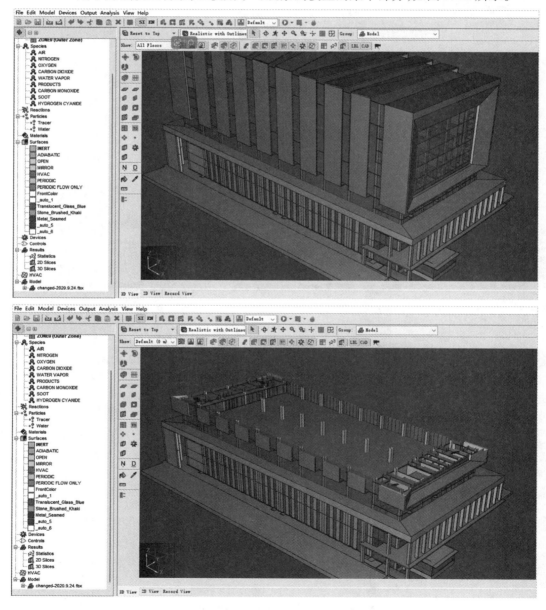

图 5.40 通过 Floors 切割显示场景剖面

在 2D 或 3D 视图中,选择 Define Floor Locations █按钮,将会弹出如图 5.41 所示的 Manage Floors 对话框。

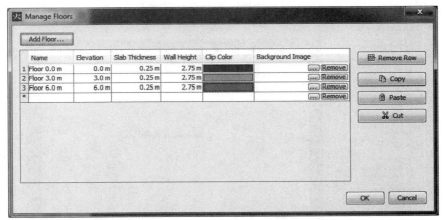

图 5.41　管理 Floors 对话框

Floors 的定义包括以下的属性:

- Elevation:该 Floor 的 Z 方向坐标。
- Slab Thickness:该 Floor 的厚度。
- Wall Height:两个 Floors 之间的墙体高度。
- Clip Color:实体对象在 Floors 处的切面显示的颜色。
- Background Image:背景图片。

单击 Add Floor 按钮,弹出如图 5.42 所示的对话框。PyroSim 很贴心地在右侧用示意图的方式描述了各项的含义,相信读者可以很容易地理解。

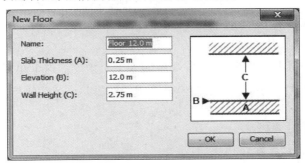

图 5.42　新建 Floor 对话框

默认情况下,模型中包含了一个 Elevation 为 0 m,Slab Thickness 为 0.25 m,Wall Height 为 2.75 m 的 Floor。这种情况下,Floor 之间的高差为 3 m。

每个 Floor 都可添加背景图片。在 3D 或 3D 视图下,选择某个 Floor,单击 Configure Background Image █按钮(或单击 Define Floor Locations █按钮,并在 Background Image 列

选择 Edit），打开如图 5.43 所示的 Configure Background Image 对话框。

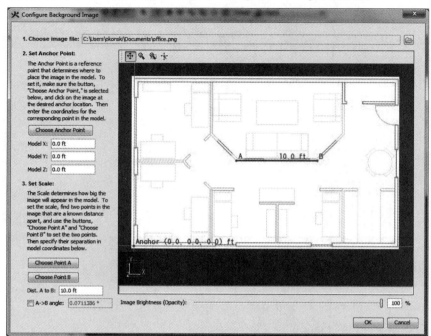

图 5.43　背景图片

设置背景图片的步骤如下：

①浏览文件夹选择一个图片文件，可以是 bmp,dxf,gif,jpg,png,tga,tif 等常见格式。

②选择一个 Anchor Point。该点用于设定背景图片在模型场景中的位置。

③设置 A,B 两个参考点，并指定两者之间的距离，这一步实际上确定了背景图片在场景的放大/缩小比例。

④拖动滑块设置图片透明度。

⑤如果需要旋转图片，在 Dist. A to B 中输入一个角度。这个角度代表中背景图片插入模型后从 A 点到 B 点的向量在模型坐标系中的角度。

5.7.2　模型创建工具

1)绘图工具简介

PyroSim 提供了功能比较齐全的绘图工具，使用户可在可视化的环境下方便地构建火灾模拟的几何模型。PyroSim 将用户绘制的几何模型自动地转化为 FDS 输入文件中对应的命令，可极大地提高几何建模的效率。

PyroSim 绘图工具如图 5.44 所示。

绘图工具栏从上到下以横线划分为 7 组：第一组用于对所选对象进行移动和旋转；

第二组用于绘制和切分网格;第三组用于绘制不同类型的障碍物和表面;第四组用于绘制区域、设备、切片等;第五组用于绘制 HVAC 系统组件;第六组用于喷涂表面和进行测量;第七组为当前工具的选项。

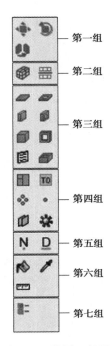

图 5.44　绘图工具栏

这些工具中,有些工具生成的几何体并非 FDS 标准几何体(垂直于坐标轴的矩形),但 PyroSim 会在生成 FDS 输入文件时将其拆分成若干个符合 FDS 标准的几何体。通过工具栏中的 ✐ 按钮(Preview FDS Blocks)可在 PyroSim 视图中进行这一转化,这样用户在绘图界面中看到的几何体就是 FDS 文件生成时的几何模型。作用类似于 Model 菜单中的 Convert to Blocks 命令。

如图 5.45 所示,倾斜的障碍物在转化后的视图中,被切分成了许多垂直于坐标轴的矩形几何实体;右侧的障碍物原本满足 FDS 障碍物的要求,故不需要进行拆分。

在创建和编辑物体时,PyroSim 将自动对齐鼠标指针到最近的点或线处。这些点和线包括网格的定点和网格线、已创建的物体的定点或边沿以及 2D 视图中特有的参考线。当鼠标指针自动对齐时,指针顶端会显示蓝色的圆点,如图 5.46 所示。默认情况下,自动对齐是开启的状态,按住 Alt 键可暂时关闭自动对齐功能。

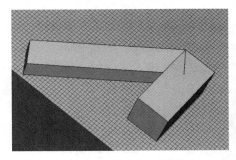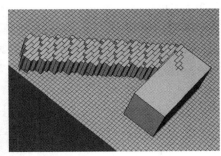

图 5.45　采用 Convert to Blocks 命令转化几何模型

在 2D 视图中,PyroSim 会创建默认间距为 1 m 的参考线(图 5.47),用于辅助作图。View 菜单中的 Set Sketch Grid Spacing 命令可改变参考线的间距。

图 5.46　对齐标示

如果用户创建了网格,则 PyroSim 会自动将参考线替换为网格线。用户可通过 View 菜单中的 Snap to Sketch Grid 命令来继续使用参考线,也可通过 Disable Grid Snapping 放弃使用任何线作为参考。需要注意的是,FDS 中的空间是以网格(而不是参考线)为分辨率的。因此,推荐使用对齐到网格的绘图方式。一般而言,推荐在整个过程中将所有的物体都对齐到网格。这样在处理一些斜面时可能会用到大量的块状障碍物,但却最能准确地描绘出

FDS 实际计算的几何体。

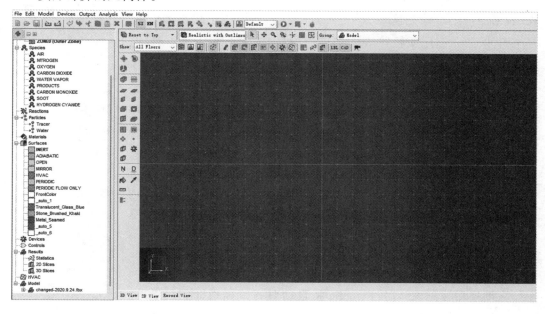

图 5.47　2D 视角下的参考线

除了上述的对齐对象,PyroSim 还会自动对齐鼠标到垂直于坐标轴或与 X 坐标轴成 45°(仅 2D 模式下)的方向。当对齐到这些方向时,鼠标起点与终点之间会出现一条虚线,当前对齐到的方向,如图 5.48 所示。按住 Shift 可保留当前的对齐,同时鼠标可离开原对齐点附近,寻找第二个参考点。灵活运用这一方式可较大地提高绘图效率。

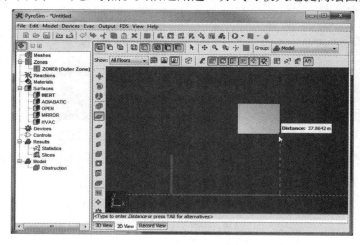

图 5.48　自动对齐到物体边沿

在绘图过程中,鼠标附近会弹出一个小框,显示当前工具的某个具体信息,如距离、角度、坐标等。此时,直接在键盘上键入数值,就可定量地设置该数值。同时,按下 Tab

键可切换不同可用的设置值,如图 5.49 所示。

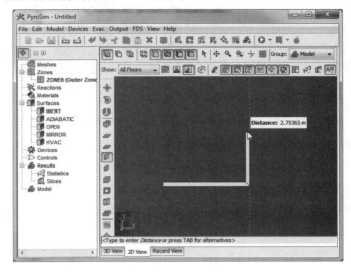

图 5.49　跟随鼠标的提示

2)障碍物绘制工具

PyroSim 提供了以下 4 种绘制障碍物的工具。

Slab Obstruction Tool:用于绘制地板等平板。选择该工具后,可通过鼠标拖曳绘制一个矩形的地板,可依次点击鼠标来绘制一个多边形地板,如图 5.50 所示。在地板的属性对话框中,可设置地板所处的平面、地板厚度等。

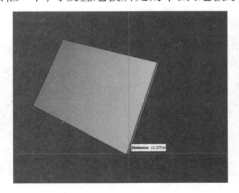
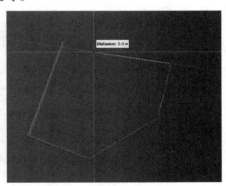

(a)通过拖曳创建矩形地板　　　　(b)通过依次点击鼠标创建多边形地板

图 5.50　创建地板的不同方式

Wall Obstruction Tool:用于绘制垂直的墙。拖曳创建一面墙,依次点击鼠标创建一系列连续的墙。如果通过依次点击鼠标来创建墙面,则可按 Ctrl 键切换墙的位置,即让墙处于所设置路径的外侧、内侧或中心线上,如图 5.51 所示。墙可设置高度、厚度等属性。

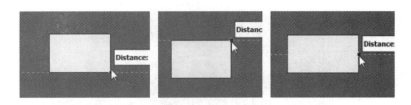

图 5.51　外侧对齐、内侧对齐、与中心对齐

Block Obstruction Tool　：用于在网格中填充障碍物。可设置位置、高度、体积等。

Room Tool　：用于绘制一个房间。类似于 Wall Obstruction Tool，只是一次性创建了四面封闭的墙。

对应于障碍物的前 3 种创建方式，孔洞也有 3 种创建方式，即 Slab Hole Tool　，Wall Hole Tool　和 Block Hole Tool　，具体含义和功能与创建障碍物的工具相同。

3)通风面绘制工具

通风面绘制工具　用于绘制一个通风面。在 PyroSim 中，通风面只能在 X,Y 或 Z 平面上，且必须依附于某个障碍物或网格的表面而存在。

鼠标拖动或双击可确定通风面的起点和终点坐标。当在 2D 视图下绘制通风面时，只能在当前的操作平面进行绘制。在 3D 绘图下，通风面会自动对齐到最近的坐标平面。

4)网格工具

网格工具　用于绘制网格，如图 5.52 所示。

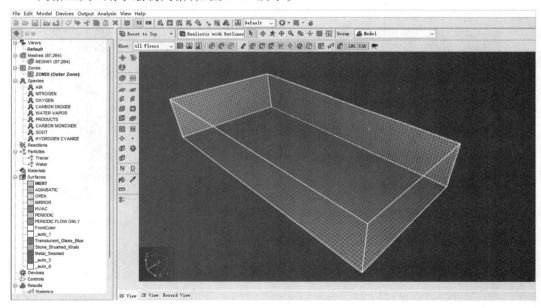

图 5.52　鼠标拖曳绘制网格

网格工具可通过在场景中单击右键打开属性对话框。其主要属性包括：

- ● ［X，Y，or Z］Location：网格底面的所在位置坐标。
- ● Height：当前视图中的网格深度。
- ● Cells：所绘制的网格以何种方式生成单元格，包括以下两种方式。

Fixed Size：所有的单元格其固定的尺寸，当网格尺寸变化时，自动计算单元格的数目。

Fixed Count：所绘制的网格划分单元格的数目一定，当网格尺寸变化时，自动调整单元格的尺寸。

两种模式的差异如图 5.53 所示。

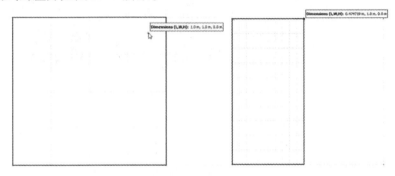

图 5.53　固定数量网格与固定尺寸网格

5）网格分割工具

通过网格分割工具▦，可方便地对所选的网格进行分割，形成相邻的两个或多个网格。具体方法如下：

①在导航视图中选择某个网格。

②选择网格分割工具▦。

③在模型视图中移动鼠标，程序会显示一个跟随鼠标移动的分割面，单击鼠标时网格在此分割面处分割。

通过右键菜单或按 Ctrl 键，可改变分割面所在的坐标平面，如图 5.54 所示。

6）设备装置工具 Device Tool

使用设备装置工具❀，可在场景中创建各类装置。该工具的主要属性包括：

- ● ［X，Y，or Z］Location：装置所在的坐标平面位置。
- ● Device Type：装置的类型，包括 sprinklers，smoke detectors，gasphase devices，solid-phase devices 等。

需要注意的是，在 3D 视图中，用户可能无法准确地判断所绘制的装置所处的实际位置。推荐的做法是：在确定绘制位置前，先右键打开工具属性对话，确定一个位置坐标

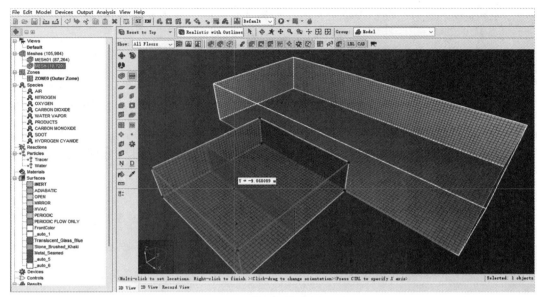

图 5.54　使用网格分割工具

（一般是 Z 坐标），再进行绘制，如图 5.55 所示。

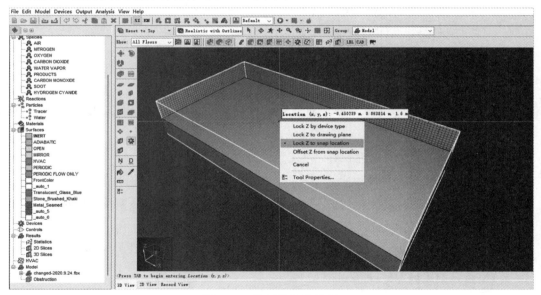

图 5.55　设置装置的绘制

7）二维切面工具

二维切面工具用于在场景中定义一个切面，主要用于在该切面处显示计算结果的分布。用户需要选择该工具，并在工具属性对话框中选择想要记录的值，如温度、压力等。移动鼠标使切面处于合适的位置，并单击左键，即可生成一个二维切面，如图 5.56 所示。

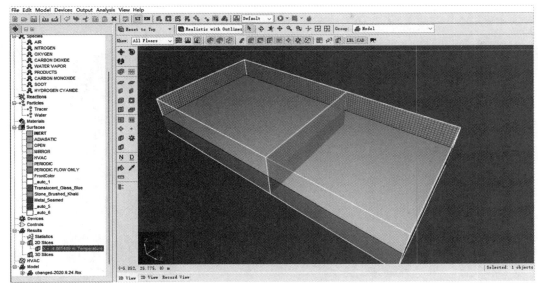

图 5.56 二维切面的绘制

8) HVAC 节点工具

HVAC 节点工具 N 用于绘制 HVAC 节点,如图 5.57 所示。具体的设置方式与设备装置工具的操作方法类似。

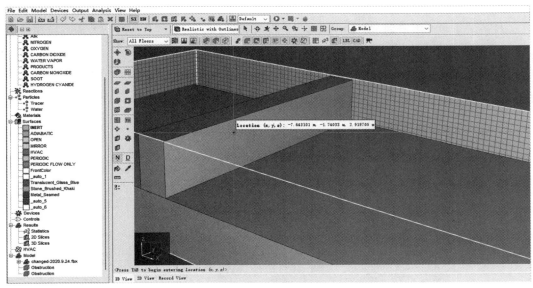

图 5.57 绘制 HVAC 节点

9) HVAC 管道工具

HVAC 管道工具 D 用于绘制一个 HVAC 工具,如图 5.58 所示。该工具的使用方法同样十分简单,选择该工具,并依次单击所绘制管道的起点和终点坐标即可。

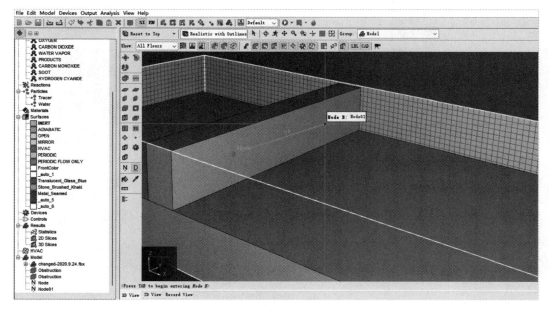

图 5.58　HVAC 管道工具

10）其他绘图工具

初始化区域工具🄃用于划定一块特定的计算区域,并在该区域内初始化某些变量的值。

粒子云工具❖用于划定一块分布有粒子的区域。

粒子点工具·用于在某一点创建粒子。

压力区域工具▥用于划定一个区域,对应着 FDS 中的 &ZONE 命令组。Model 菜单中的 Edit Zones 命令同样用于编辑压力区域。点击后会打开如图 5.59 所示的对话框。

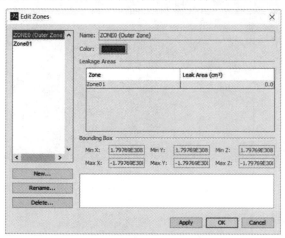

图 5.59　编辑压力区域

5.7.3　模型编辑工具

1）尺寸调整

在 3D 或 2D 视图中，几乎所有几何体都可使用尺寸调整工具 进行编辑。

当使用尺寸调整工具选择了某个对象后，该对象将会被高亮显示。如果存在可编辑的点，则会显示为蓝色 。

用户可使用鼠标拖动改变交点或边线的位置。

2）移动、复制、旋转、镜像

移动工具 允许用户对某个对象进行移动。具体操作中，只需要选择某个对象，点击两次鼠标，分布确定移动的起点和终点，如图 5.60 所示。

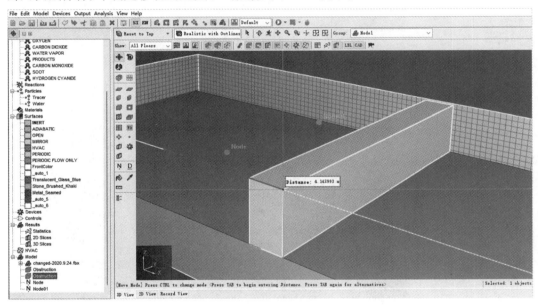

图 5.60　移动物体

类似地，选择工具 可对对象进行旋转，用户需要首先双击鼠标，确定一个参考向量，移动鼠标让对象沿此向量起点旋转，再次按下鼠标时确定最终的位置，如图 5.61 所示。

单击镜像工具 ，双击鼠标，确定一个对称轴，则生成所选对象关于此对称轴的镜像，如图 5.62 所示。

用于在使用移动、旋转和镜像工具时，均可通过右键选择 Move 或 Copy，即在移动、旋转和镜像操作后，是否保留当前对象的副本。

Model 菜单中同样有用于对象操作的命令，如图 5.63 所示。

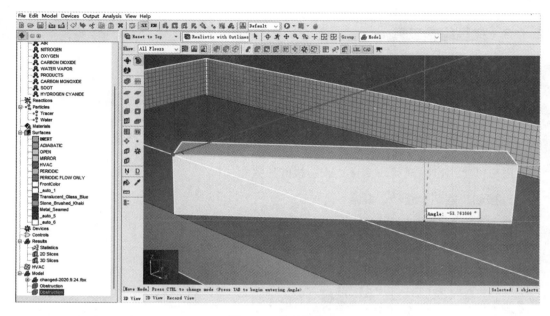

图 5.61　旋转物体

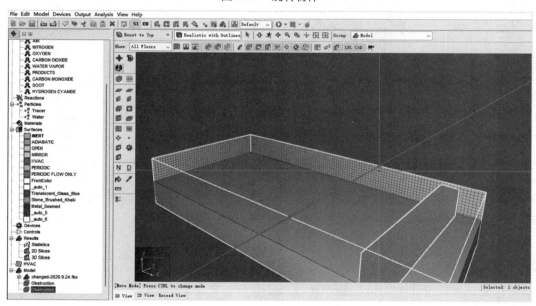

图 5.62　镜像物体

Copy/Move 用于复制和移动对象。如图 5.64 所示,对话框中会提示用户输入一个 Offset 向量,所选对象将会沿该向量移动或复制若干份。当用户需要生成多个类似且排列有序的对象时(如构建仓库中的若干个整齐堆放的货物堆垛),这一功能将变得十分实用。

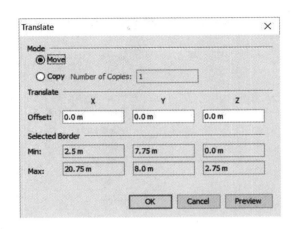

图 5.63　Model 菜单中的对象操作命令　　　　　图 5.64　移动/复制对话框

　　Mirror 对象如图 5.65 所示。所选对象将以某个平面为对称面,进行镜像对称或创建镜像对称的副本。

　　Scale 对话框如图 5.66 所示。所选对象将在 X,Y,Z 3 个方向上按一定比例放大/缩小,或创建副本。

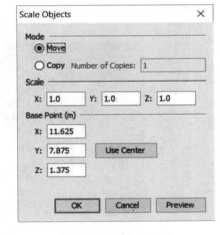

图 5.65　镜像对话框　　　　　　　　图 5.66　缩放对话框

　　Rotate 对话框与之类似,所选对象围绕一个轴(Axis)旋转若干角度(Angle),如图 5.67 所示。

3)喷涂工具与吸管工具

　　表面喷涂工具允许用户对障碍物表面和通风面设置表面属性。该工具包括以下两个选项:

　　● Apply Surface:用于设置表面属性,即将 &SURF 对象赋予某个障碍物或通风面。

　　● Apply Color:是否设置某种颜色以及设置哪种颜色。

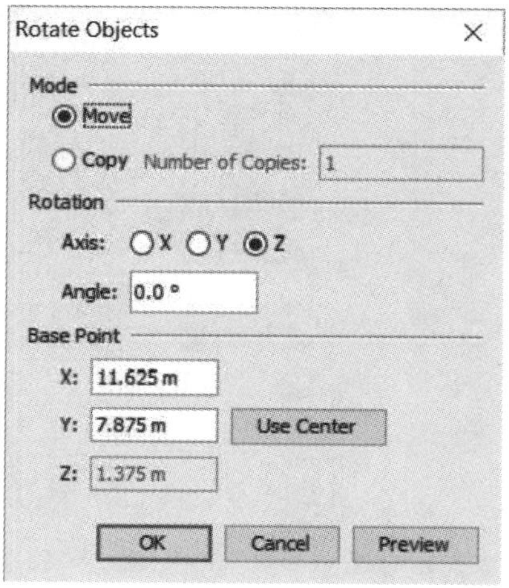

图 5.67   FDS 计算生成的输出文件

选择表面喷涂工具,并将鼠标悬停在某个障碍物或通风面上,如图 5.68 所示。如果当前类型的表面可应用,则对象表面会高亮显示。按下鼠标左键将设置该表面。同时,按下 Ctrl 键可重复使用当前工具,同时按下 Shift 键将一次喷涂鼠标所指对象的所有面。

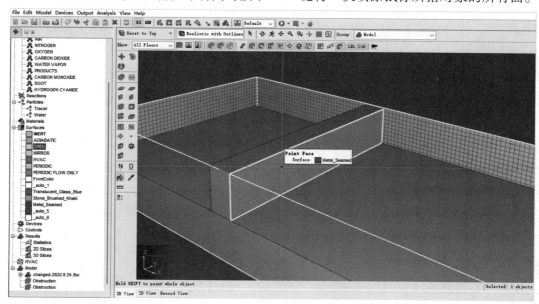

图 5.68   表面喷涂工具

与喷涂工具对应,吸管工具🖊用于采集某个障碍物或通风面的表面属性。右键菜单可选择采集属性、颜色或属性与颜色均采集。点击吸管工具,鼠标悬停至某表面,跟随鼠标处会提示当前表面的类型。按下鼠标,将该表面设置为喷涂工具🖌所用。切换至喷涂工具后,即可将同样的表面应用至其他位置。

4）测量尺工具

测量尺工具█用于测量模型中两点间的距离。选择该工具，并在场景中依次点击测量的起点和终点即可。当起点确定后，鼠标光标处会提示当前的实时测量结果。在终点处单击右键，选择 Copy total distance to clipboard，可将距离测量结果复制到剪切板，如图5.69 所示。

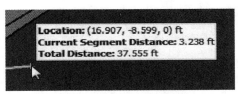

图 5.69　测量尺工具

5.8　组分、反应与粒子

5.8.1　组分

Model 菜单中的 Edit Species 命令对应 FDS 中的 &SPEC 命令组，用于定义表面。用户单击"New"按钮，可载入预定义的组分或创建自定的组分，如图 5.70 所示。

在默认情况下，PyroSim 添加了所有的 FDS 模型启动时添加的隐式声明的组分。这些组分对化学反应中所包含的那些是独一无二的，并且如果被引用，则不会包含在简单化学反应中。虽然 PyroSim 手动处理是否需要将一个组分添加在 FDS 输入文件中，了解哪些原因将使某一组分会出现在输出文件中则是比较重要的。具备以下条件的组分会被写入：

①该组分有非零的初始质量分数。

②某个初始区域、液体粒子、Supply 型的表面、某个材料、HVAC 的吸收装置包含了该组分。

③液体颗粒采用了某种组分。

④一个 Supply 类型的表面输入了某种组分。

⑤某种材料的热胶产生了该组分。

⑥HVAC 过滤器吸收某种组分。

1）原始组分

原始组分既可被单独地观测，也可作为组合组分的一部分而存在。编辑一个原始组分的流程包括：

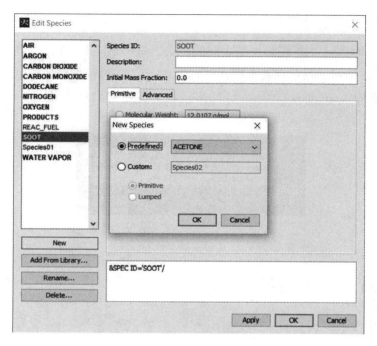

图 5.70　组分对话框

①在 Model 菜单中,打开 Edit Species。

②在 Primitive 选项卡中,设置 Molecular Weight。如果需要将该组分运用到化学反应中,还需要设置化学式。

③在 Vis/Dif 选项卡中,可设置材质的 Diffusivity(扩散率)和 Viscosity(黏度)。可以是固定值,也可通过设置 Custom 选项设置为变量。同时,可设置兰纳-琼斯参数。

④有些材料需要吸收或发射热辐射。这种情况下用户可在 Radiation 选项卡中设置 Radcal Surrogate。该材料会使用指定替代物的吸收属性。最好采用分子性质与该材料相似的替代物。

⑤为了调用 FDS 的气溶胶模型,选择 Soot 选项卡的 Aerosol 选项。如果选择了沉积物模型,还需要设定固态密度、固态传导性和平均直径。

⑥液体选项卡用于设定蒸发性液体颗粒的热属性。需要注意的是,这些变量只有在粒子蒸发时才有效。

⑦气体选项卡是用来设定与气体组分的焓变相关的参数。焓设置为比热、参考温度、参考焓三者的结合。

2)集成组分

混合物可设置为集中基础组分的混合。因为所有的组分都会在模拟时求解其输运方程,所以设置混合物能节省模拟时间。在新建组分时,选择 Lumped 选项,可创建一种混合物。

如果某种原始组分只被用于某一种混合物当中,建议选择该组分并打开 Advanced 面板,输入 LUMPED_COMPONENT_ONLY = . TRUE,这将有效地节约计算时间。

5.8.2　反应

在 FDS 模拟中,只有气相燃料才是真正的可燃物,PyroSim 界面默认只允许单步的、混合驱动的反应模型。有两种方法可设定一个火焰:第一种是设定一个表面(或表面的一部分)存在热定的 HRRPUA,即单位面积的热释放速率;第二种是设定一个 HEAT_OF_REACTION,这个设定作为一个材料的一部分,与其他热参数一起制订。两种情况下使用的都是混合模型。

热释放速率是设置一个火焰的最简单的方法。用户只需要创建一个 burner 类型的表面,并设置热释放速率的值即可。如果没有设定其他反应,默认是丙烷燃烧。如果指定了燃烧反应,就会用指定的燃烧反应来计算燃烧产物。

在混合模型中,反应可设定为

$$C_xH_yO_zN_v+v_{O_2}O_2 \longrightarrow v_{CO_2}CO_2+v_{H_2O}H_2O+v_{CO}CO+v_SSoot+v_{N_2}N_2$$

通过在模型中加入一个反应,反应中的 AIR,PRODUCTS 和 FUEL 就会被作为关注的材料。最后结果,它们的组分,即 OXYGEN, CARBON DIOXIDE, WATER VAPOR, CARBON MONOXIDE,SOOT 以及 NITROGEN 被包含在输出数据中。需要注意的是,这些组分并不是明确声明的,与其他同名的组分含义也不太一样。例如,加入一个额外的 OXYGEN 组分并不会使燃烧模型中的氧气更多,因在这种情况下只有包含在 AIR 混合物中的氧元素才是可反应的物质。

用户定义的化学公式包括 CO,Soot,O_2 以及 Soot 中的氢含量。为了完整起见,用户也可设定燃料中的 N_2 含量,如图 5.71 所示。

在 Model 菜单中,选择 Edit Reactions 对反应进行编辑。在 Fuel 选项卡中,用户可以指定反应方程的各个原子数,也可指定反应物质。在默认情况下,PyroSim 加入名为 REAC_FUEL 的反应组分(FUEL ='REAC_FUEL')。在 Fire Suppression 选项卡中,用户可启动火焰熄灭的计算,并输入临界火焰温度 Critical Flame Temperature 和自动点火温度 Automatic Ignition Temperature。

在 Byproducts 选项卡中,可设置单位质量氧热释放量 Specify release per unit mass oxygen(EPUMO2)或反应热(HEAT_OF_COMBUSTION),也可指定 CO,H_2,Soot(烟气)的生成率,如图 5.72 所示。

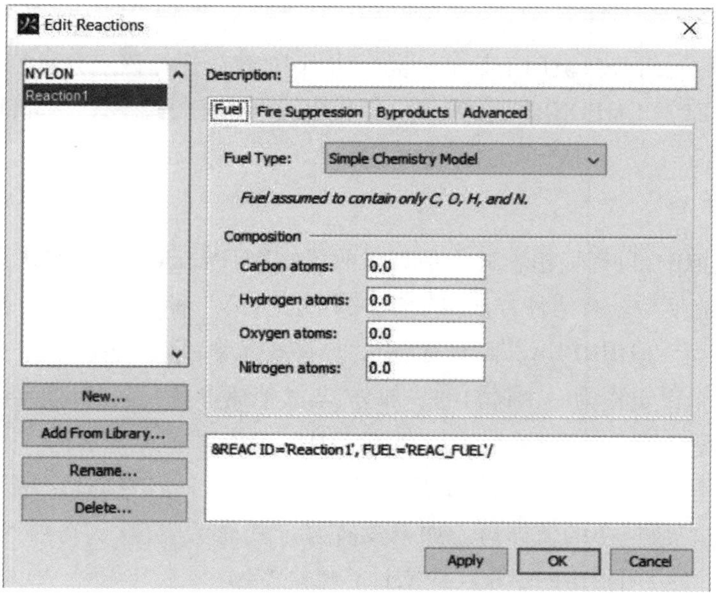

图 5.71　编辑化学反应

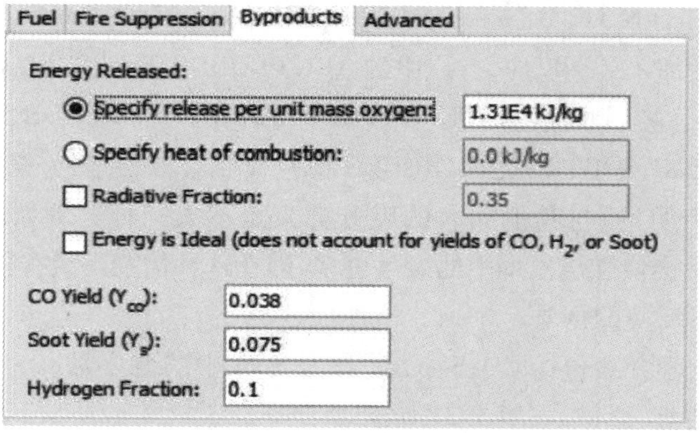

图 5.72　Byproducts 选项卡

5.8.3　粒子系统

对应 FDS 中的 &PART 命令组,Model 菜单的 Edit Particles 对话框用于对粒子系统进行定义,如图 5.73 所示。PyroSim 支持 3 种类型的粒子:无质量示踪粒子、液滴和固体颗粒。

1)无质量示踪粒子 Massless Tracers

示踪粒子用于在模拟中显示空气的流动。它们可用于 Burner,Heater/Cooler,Blower 及 Layered 类型的表面钟的粒子注入特征。

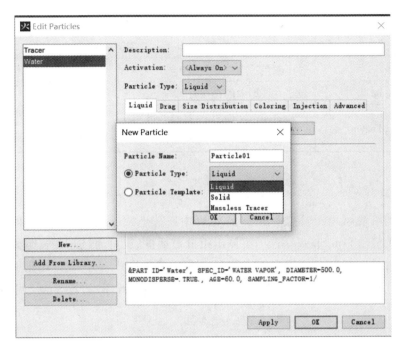

图 5.73　示踪粒子系统

在默认情况下，PyroSim 提供一个黑色的名为 Tracer 的无质量示踪粒子，如图 5.74 所示。用户可修改默认粒子的参数，也可新建一个粒子。粒子的属性见表 5.12。

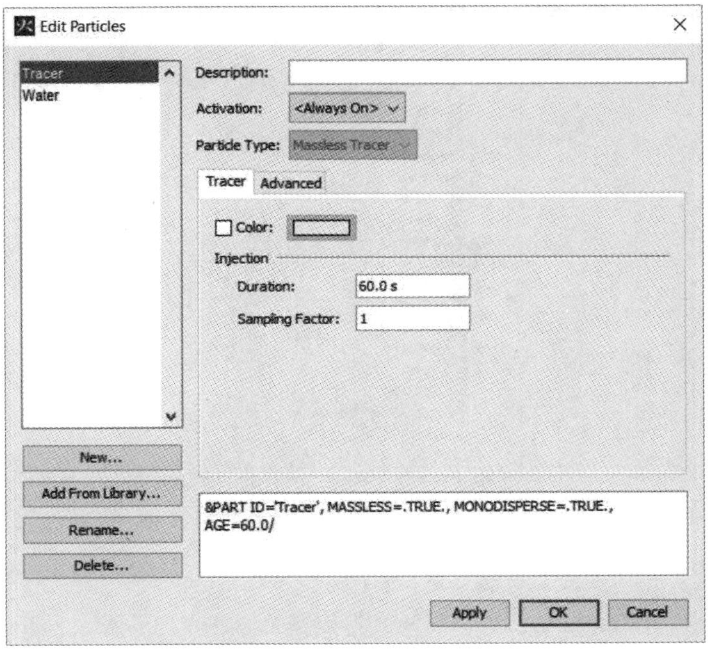

图 5.74　无质量示踪粒子

表 5.12　示踪粒子选项卡各项含义

参数	说明
Color	粒子颜色
Duration	粒子在模型中的存在时间
Sampling Factor	粒子输出文件的采样因数。设置−1 采用 FDS 的默认设置。设置为大于 1 的整数,则降低粒子输出的大小

2)液滴

可蒸发的液滴可用于模拟喷水系统,也可用在粒子云或支持粒子注入的表面上。通过选择 Model 菜单 Edit Species 选项可调出组分对话框,也可通过左侧资源浏览器 Species 选项进入。如图 5.75 所示。设定液滴之前,用户需要先设置组分:既可以是 FDS 中预设的组分,也可以是其他用户自定义的组分设置对话框如图 5.76 所示,各项含义见表 5.13。

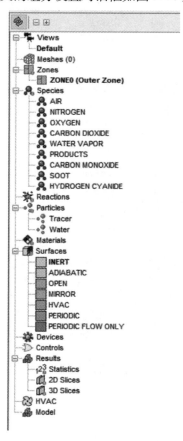

图 5.75　资源浏览器入口

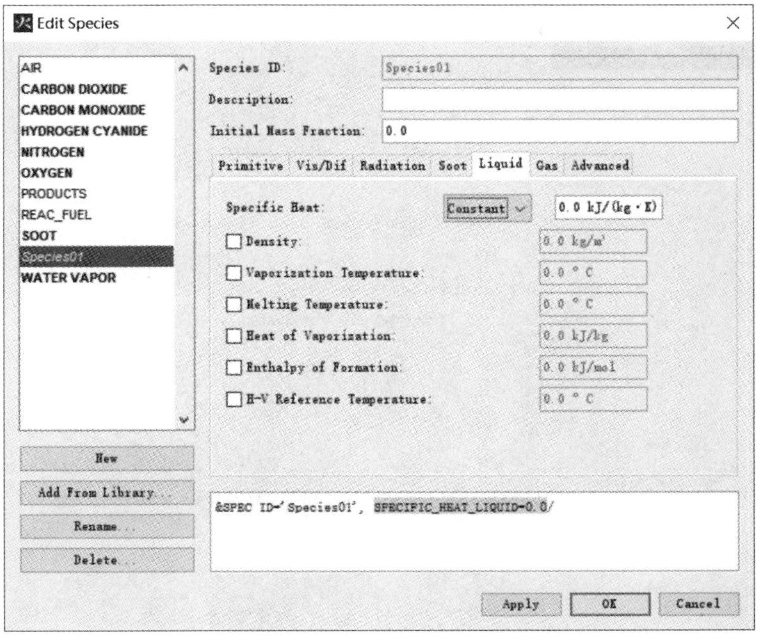

图 5.76　组分编辑对话框

表 5.13　液体组分选项卡各项含义

参数	说明
Specific Heat	液滴比热容
Density	液滴密度
Vaporization Temperature	液滴沸点
Melting Temperature	液滴熔点/凝点
Heat of Vaporization	液滴蒸发潜热
Enthalpy of Formation	气相组分的生成热
H-V Reference Temperature	与蒸发热相关的温度

液滴示踪粒子 Liquid 选项卡如图 5.77 所示,各项含义见表 5.14。

表 5.14　Liquid 选项卡各项含义

参数	说明
Species	表征粒子热物性的组分
Movement	定义粒子是运动的还是静止的

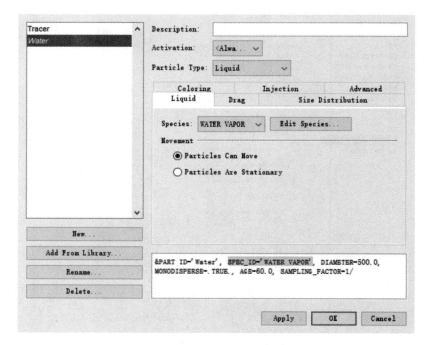

图 5.77　液滴示踪粒子 Liquid 选项卡

Size Distribution 选项卡如图 5.78 所示,各项含义见表 5.15。

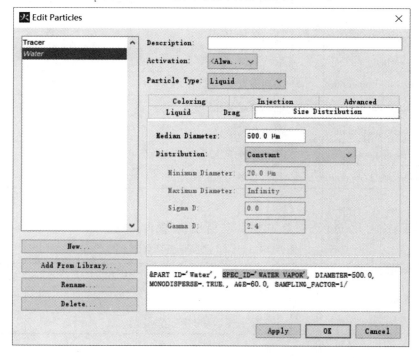

图 5.78　Size Distribution 选项卡

表 5.15　Size Distribution **选项卡各项含义**

参数	说明
Median Diameter	液滴的粒径中值
Constant	所有粒子采用同一的粒度
Rosin-Rammler	所有粒子直径服从 Rosin-Rammler 分布
Lognormal	所有粒子服从 lognormal 分布
Rosin-Rammler-Lognormal	采用 RosinRammler 和 lognormal 两种分布的组合
Gamma D	Rosin-Rammler 分布的宽度。该值越大,粒子直径的分布越集中于中值附近
Sigma D	Lognormal 对数正态分布的宽度
Minimum Diameter	最小直径,低于最小直径的液滴在下一个时间步长内就会蒸发
Maximum Diameter	最大直径,大于最大直径的液滴在下一个时间步长内就会分裂

Coloring 选项卡如图 5.79 所示,各项含义见表 5.16。

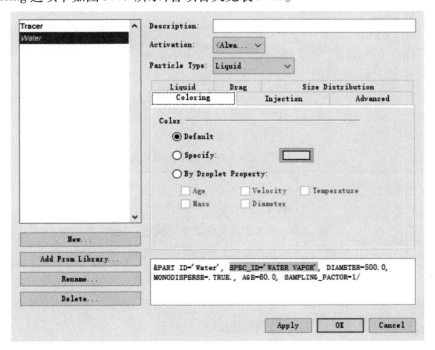

图 5.79　Coloring 选项卡

表 5.16　Coloring **选项卡各项含义**

参数	说明
Default	由 FDS 选择颜色
Specify	自定义颜色
By Droplet Property	选择一个或多个标量来为粒子确定颜色

Injection 选项卡如图 5.80 所示,各项含义见表 5.17。

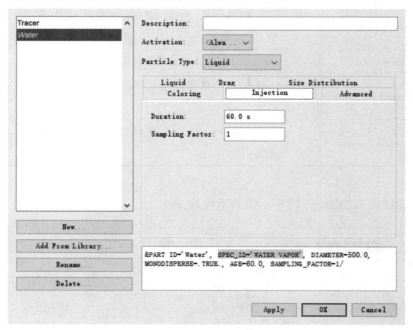

图 5.80　Injection 选项卡

表 5.17　Injection **选项卡各项含义**

参数	说明
Duration	液滴存在于模拟中总时间
Sampling Factor	粒子输出文件的采样因数。设置−1 采用 FDS 的默认设置。设置为大于 1 的整数,则降低粒子输出的大小

　　液体粒子可蒸发为燃料蒸气,使之可根据燃烧模型参与燃烧反应。用户只需要在粒子的组分处设置其为已设置好的可燃物组分。

　3)固体粒子

　　PyroSim 同样提供指定固体粒子的基本支持。固体粒子必须参照一个表面,该表面派生出其热物理与几何参数。固体粒子可用于多种热传递、曳力、植物应用。大多数这些参数需要采用 Advanced Panel 来指定。

　　正常情况下,区域中的粒子是由散发它们的表面或物体来控制的,如一个风扇、供应面、粒子云等。此外,粒子也可由设备或控制逻辑来控制。

　　在模拟参数对话框中,有两个与粒子模拟有关的公共参数:一个是 Droplets Disappear at Floor,用户可选择让液滴在地板上消失,防止其在地板聚集。该选项默认是开启的。另一个是 Max Particles per Mesh,即任意计算网格中粒子个数的上限。

4）粒子云

　　Particle Clouds 提供了在一个盒子型区域或一点处插入粒子的方法。粒子既可在 FDS 模拟开始时加入,也可周期性地加入。在 Model 菜单中,可新建粒子云。

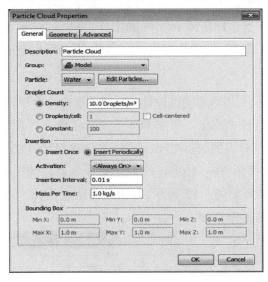

图 5.81　粒子云属性

粒子云有以下属性(图 5.81)。

Particle:粒子的类型。

Droplet Count:粒子的数目。

Density:按体积密度设定粒子数目(仅在几何选项为体积型时有效)。

Droplets/cell:设定单个网格中的粒子数。

Constant:以常数形式设定粒子数。

Insertion:粒子多长时间插入计算区域。

Insert Once:在模拟的开始插入一次。在模拟的开始插入一次。如果几何条件为体积型 Mass Per Volume 指定了总的密度。这与粒子类型中设定的粒子密度无关。

Insert Periodically:在模拟过程中周期性插入粒子。可指定一个控制器来控制粒子插入的时间。Insertion Interval 指定了当控制器为 true 时粒子插入的时间间隔。Mass Per Time 设置插入的质量。

粒子云的大小、位置通过 Geometry 选项卡来设置。设置好的 Particle Clouds 会在 3D 或 2D 视图中显示为透明的盒子。

5.9 消防设施模拟

5.9.1 测试装置

设备的概念用来在模型中模拟某种实体或传感器,如烟雾探测器、洒水装置和热电偶等。PyroSim 会输出一个 CHID_devc.csv 的文件,里面记录着各个设备的数据。设备也可像几何体那样移动、复制、旋转及缩放,定义后的设备可用于激活一个物体。

1)吸气探测系统

吸气探测系统包含一系列烟雾测试设备。吸气系统由一个取样管网构成,管网从一系列位置吸气并连接到一个中心点上。要在 FDS 中定义这样一个系统,用户需要设定采样位置、采样流动速度、每个取样点的输运时间、是否需要输出报警信号及测试点的位置等。

在 Devices 菜单中,使用 New Aspirator Sampler 命令创建烟气探测器,即探头;而 New Aspirator 命令创建采样器,如图 5.82 所示,各项含义见表 5.18。若干个 Aspirator Sampler 可与 Aspirator 连接,构成一套系统。

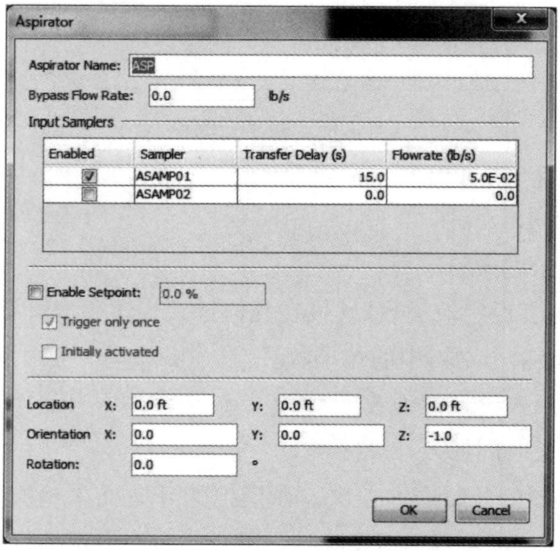

图 5.82　吸气采样器属性

表 5.18　吸气探测系统各项含义

参数	说明
Aspirator Name	吸气探测系统的名字
Bypass Flow Rate	来自计算区域外部的空气流量
Transfer Delay	从采样点到中心探测器的输运时间
Flowrate	气体流动速度
Location	位置

2）气相/固相探测器

气相和固相探测器可用于测量气相或固相中的参数。以气相探测器为例，在 Devices 菜单中，选择 New Gas-phase Device 命令，打开如图 5.83 所示的对话框。

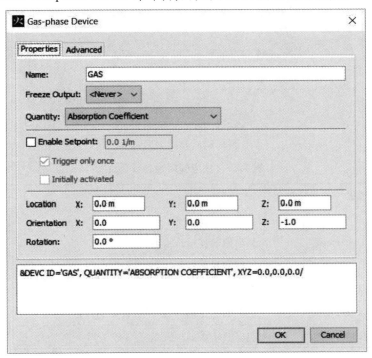

图 5.83　气相探测器组分

其中，最主要的选项为 Quantity 和 Location，前者指定了该探测器将采集何种物理量的变化，后者则指定了探测器所在的位置。

3）热电偶

热电偶用于测定某个位置的温度变化。在 Devices 菜单中，选择 New Thermocouple 命令，打开如图 5.84 所示的对话框，对话框中各项的含义见表 5.19。

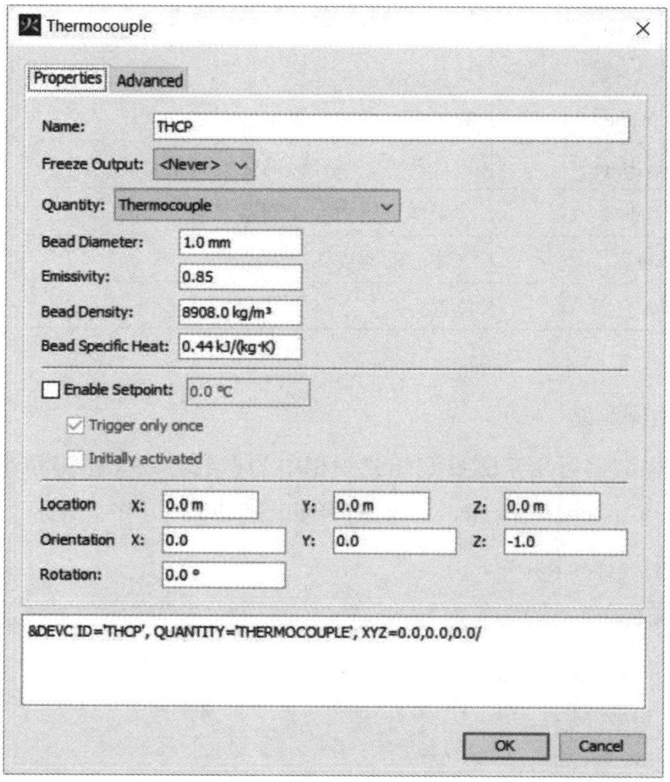

图 5.84　热电偶属性

表 5.19　热电偶属性各项含义

参数	说明
Device Name	热电偶名称
Bead Diameter	热电偶的连接珠直径
Emissivity	热电偶辐射率
Bead Density	热电偶的材料密度,默认值是镍元素的密度
Bead Specific Heat	热电偶的比热,默认是镍元素的比热
Location	热电偶所在的位置坐标

　　热电偶的输出值是热电偶自身的温度,虽然通常与它周围的温度相近,但也并不总是相等,因在热电偶温度计算时考虑了辐射的作用。

　　4)流动测试装置

　　流动测试装置用于测试通过某一面积的流量。在 Devices 菜单中,打开 New Flow Measuring Device 对话框,如图 5.85 所示,对话框中各项含义见表 5.20。

图 5.85　流动测试装置

表 5.20　流动测试装置各项含义

参数	说明
Device Name	装置名称
Quantity	测试的数量(热流量、体积流量、质量流量)
Flow Direction	选择测试方向,由测试平面的法线方向确定
Plane	定义测试所在的平面以及位置信息所属的平面
Bounds	测试范围

计算完成时,输出文件中将包含所定义区域的总流量。

5)热释放速率记录装置

在 Devices 菜单中,打开 New Heat Release Rate Device 选项卡,如图 5.86 所示。该选项用于创建热释放速率记录装置,记录某个区域内总热释放速率的变化。

6)层分区装置

火灾模拟中,经常需要计算烟雾层与下层的分界面。对于 FDS 模拟而言,组分和温度在垂直方向上都是连续变化的,并没有两个明确的分区。尽管如此,FDS 允许使用线

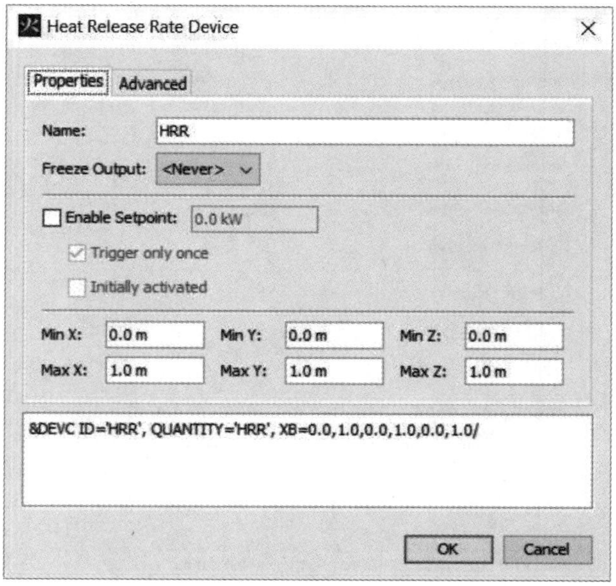

图 5.86　热释放速率记录装置

积分的算法来计算烟气层的高度与上下层的平均温度。这一方法可通过层分区装置来实现。

　　在 Devices 菜单中,选择 New Layer Zoning Device 命令,打开如图 5.87 所示的选项卡,选项卡中各项含义见表 5.21。

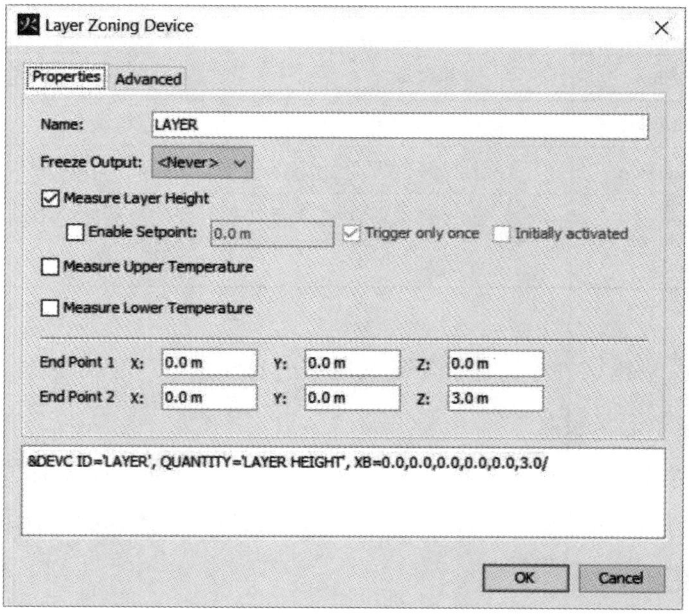

图 5.87　层分区装置属性

表 5.21　层分区装置属性各项含义

参数	说明
Device Name	装置名称
Measure Layer Height	测量层的高度
Measure Upper Temperature	测量温度上限
Measure Lower Temperature	测量温度下限
Path	按两个端点设置一条路径,烟气层高度按照该路径计算

7)光线探测器

光线探测器用于测量点与点之间的遮蔽程度。在 Devices 菜单中,选择 New Beam Detector Device,打开如图 5.88 所示的对话框。

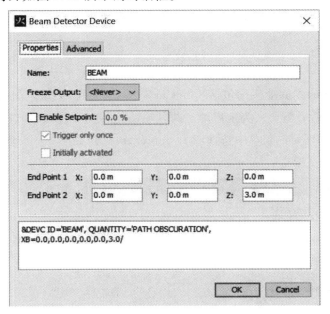

图 5.88　光线探测器各项含义

其中,需要设置的主要为两个 End Point,通过该两点的坐标定义了一条路径,探测器将记录该路径上的光线遮蔽程度变化。

8)温度探测器

采用响应时间指数模型测定特定点的温度,见表 5.22。

9)烟雾探测器

烟雾探测器基于两个延迟时间来探测某点的烟雾浓度,见表 5.23。

表 5.22   温度探测器属性各项含义

参数	说明
Device Name	装置名称
Link	感温元件的响应温度与响应时间指数
Location	坐标位置

表 5.23   烟雾探测器各项含义

参数	说明
Detector Name	装置名称
Model	烟雾探测器类型
Location	坐标位置

5.9.2 喷头

FDS 和 PyroSim 中的喷头均包括 Sprinkler 和 Nozzle 两种类型。前者采用标准响应模型来自动启动,而后者需要人为地启动。两种喷头均可向计算区域内喷入水或燃料。以 Sprinkler 为例,在 Devices 菜单中选择 New Sprinkler,打开如图 5.89 所示的对话框,对话框中各项含义见表 5.24。

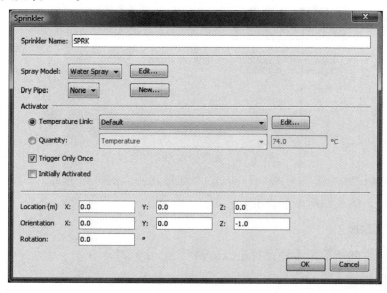

图 5.89   喷头的设置

表 5.24　喷头属性各项含义

参数	说明
Sprinkler Name	喷头名称
Spray Model	设定粒子类型,流动速率,射流形状
Dry Pipe	在干式系统内,自动喷水管网系统是由气体加压密封的。喷头感温元件动作后,干管内压力下降,水流进入管内。用户可创建一个干式系统并指定水流延迟时间
Activator	在默认情况下,喷头是由带有特定响应时间指数的感温元件来启动的。响应温度和响应时间指数由用户来设定。用户也可设定其他的量来启动喷头。在默认情况下,喷头是关闭的,且仅启动一次
Location	喷头的几何位置
Orientation	喷头的朝向

5.9.3　控制系统

通过触发事件,物体可模拟过程中自动切换为活动或非活动状态。触发事件包含在 FDS 的控制逻辑系统中,墙、洞、风口等几何体都能设置控制逻辑。设置的方法在物体属性菜单的 Activation 选项中。PyroSim 支持的触发时间可由时间或输出设备来触发。例如:

- 达到一定时间后,打开一扇门(即移除原本设置在门口处的障碍物)。
- 感温探测器触发时打开一扇窗。
- 感烟探测器检测到信号后启动通风系统。

在 Devices 菜单中,选择 Edit Activation Controls 即可编辑控制逻辑。

1)创建控制器

创建一个控制器需要以下 3 步:

①选择输出类型(时间、探测器等),并将之作为触发控制器的信号源。

②选择满足触发条件时执行的动作。

③设置具体的参数。

前两步设置好以后,对话框中就会出现一条描述该控制逻辑的语句,其中的一些关键词和数字将会用蓝色带下画线的字体予以标注,用户可点击这些字段进行编辑,如图 5.91 所示。

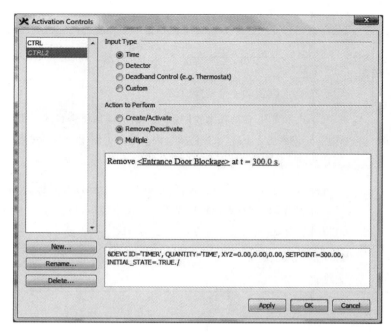

图 5.90　控制系统属性

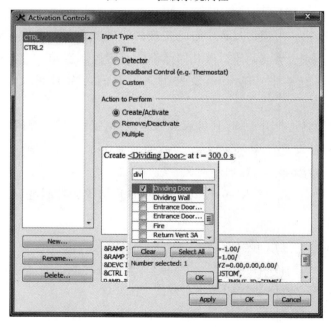

图 5.91　控制器对话框中的弹窗

　　控制器是与特定的几何体分别储存的。因此,两者可分别创建而后绑定在一起。用户可使用物体属性中的 Activation 选项来绑定一个控制器,或直接创建一个新控制器,如图 5.92 所示。

图 5.92　在对象上绑定控制器

当控制器绑定到物体上时,在属性对话框中会显示一段蓝色带有下画线的文字,用户可点击该文字进行编辑,编辑的结果将直接作用于控制器,其他绑定到该控制器的物体也会受到影响。

2)基于时间触发

基于时间的触发可在特定时间创建或删除一个物体。设置基于时间的触发,用户只需要在 Input Type 里选择 Time。在 Action to Perform 选项中,选择 Create/Activate 或 Remove/Deactivate 选项,指定所执行的动作。选择 Multiple,可设置多个动作。选择多个动作时,每个动作执行的时间在对话框底部的列表中设置。

3)基于探测器触发

设置基于探测器的触发事件,要求设备首先要有一个 Setpoint(设定点)。Setpoint 的设定方法为:在设备属性对话框中勾选 Enable Setpoint 选项,输出一个特定值,该值即探测器触发的阈值。同时,阈值还可选择启动一次或每次达到条件时都启动,也可设置初始状态是启动的还是关闭的(如果勾选了 Initially Activated,则该设备默认是"启动"状态,达到设定值之后切换为"关闭"状态)。

设备设定了 Setpoint 后,即可作为控制逻辑的输入。在 Activation Controls 对话框中,选择 Detector 作为 Input Type。探测器就可用于触发特定时间的条件了。如果多个控制器用于触发一个物体,它们之间还可设定"与"或"或"等控制逻辑,甚至可设置"××个探测器触发则……"这样复杂的控制逻辑。

5.9.4　HVAC 系统

在 PyroSim 中,暖通空调系统是一系列由管道、节点、风扇、冷凝管及过滤器等构成的系统。

1）HVAC 节点

Model 菜单中的 New HVAC Node 命令用于创建一个 HVAC 节点，如图 5.93 所示。

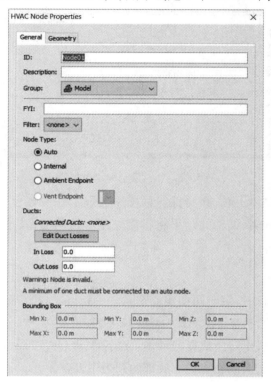

图 5.93　HVAC 节点属性

各项的含义见表 5.25。

表 5.25　HVAC 属性选项卡各项含义

参数	说明
Filter	选择该节点使用的 HVAC 过滤器
Auto	通过该节点与其他 HVAC 对象的关系自动选择节点类型
Internal	仅用来连接管道的内部节点（至少连接 2 个管道）
Ambient Endpoint	至少连接 1 个管道的节点，相当于一个 OPEN 类型的表面
Vent Endpoint	该节点用来连接 HVAC 系统和 PyroSim 模型的其他部分（Vent 表面类型应设置为 HVAC 类型）
Location	节点的空间坐标，默认为坐标系零点
In Loss	气体进入 HVAC 系统的流动损失
Out Loss	气体流出 HVAC 系统的流动损失

2）HVAC 管道

在 Model 菜单中，单击 New HVAC Duct，创建一个 HVAC 管道。管道属性对话框如图 5.94 所示。

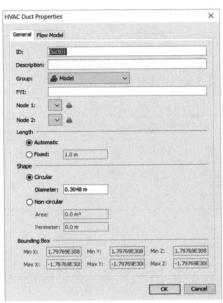

图 5.94　HVAC 管道属性

各参数及其含义见表 5.26 和表 5.27。

表 5.26　HVAC 管道属性选项卡各项含义

参数	说明
Node	管道两端节点的名称
Fixed	在默认情况下，PyroSim 通过两个节点之间直线的长度来计算管道的长度。用户可通过在这里给定一个长度来改变默认设定
Diameter	圆柱形管道的断面直径
Area	任何非圆形管道的总面积
Perimeter	非圆形管道的周长，用来计算水力直径

表 5.27　Flow Model 选项卡各项含义

参数	说明
Forward Loss	从节点 1 到节点 2 的摩阻损失
Reverse Loss	从节点 2 到节点 1 的摩阻损失
Roughness	管材的绝对粗糙度

续表

参数	说明
Flow Device	管道中采用的流动装置类型
Damper	设置在管道上的气阀状态。气阀为 TRUE 则气流可通过,为 FALSE 完全阻隔流动
Basic Fan	表示定义在管道上的风机
Aircoil	管道上两节点间的冷凝管
Fan	单独定义并设置在管道上的风机
Activation	设置气阀、风机、冷凝管的状态,即是否激活
Volume Flow	流过管道的固定的体积流量
Ramp up time	达到设定的体积流量需要的时间
Flow Direction	设定气流方向(默认是从节点 1 到节点 2)

3)HVAC 风机

HVAC 风机用于在 HVAC 网络中产生气流。风机的实例对象在两个节点之间,并设置在一段管道上。

在 Model 菜单中,选择 Edit HVAC,并在弹出的对话框中选择 New,在 Type 中选择 FAN,即可创建一个风机。风机的属性窗口如图 5.95 所示。

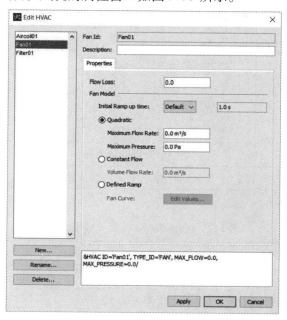

图 5.95　编辑 HVAC 风机

HVAC 风机属性选项卡各项含义见表 5.28。

表 5.28　HVAC 风机属性选项卡各项含义

参数	说明
Activation	风机控制逻辑
Flow Loss	风机不运行时的流量损失
Initial Ramp up time	从启动到达到最大流量所需的时间
Maximum Flow Rate	最大体积流量
Maximum Pressure	最大断流压力
Volume Flow Rate	固定体积流量
Fan Curve	设置风机的压力流量曲线

4）HVAC 过滤器

HVAC 过滤器用于在 HVAC 网络中阻止气相介质循环，一个过滤器允许过滤多种气体组分。在 Model 菜单中，选择 Edit HVAC，并在弹出的对话框中选择 New，在 Type 中选择 Filter，即可创建一个过滤器。过滤器的属性窗口如图 5.96 所示。

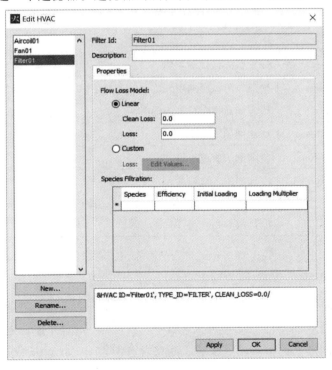

图 5.96　编辑 HVAC 过滤器

各项含义见表 5.29。

表 5.29　HVAC 过滤器选项卡各项含义

参数	说明
Clean Loss	零负荷时的流量损失
Loss	流量损失
Loss(Custom)	流量损失与总负载的关系
Species	需要过滤的组分
Efficiency	组分的过滤效率
Initial Loading	0 时刻相应组分的过滤器负载
Loading Multiplier	计算过滤器损失时的总系数

5)HVAC 蛇管换热器

HVAC 蛇管换热器用于对 HVAC 系统进行加热或降温。在 Model 菜单中,选择 Edit HVAC,单击 New 按钮,并在弹出的对话框中选择 AIRCOIL,即可创建一个蛇管换热器。蛇管换热器的主要属性及其含义见表 5.30。

表 5.30　HVAC 蛇管换热器各项含义

参数	说明
Activation	蛇管换热器控制逻辑
Heat Exchange Rate	换热器与流经的空气之间的换热率,负值表示换热器放热
Ramp-Up Time	设定到达指定换热率的时间
Coolant Specific Heat	冷却剂的比热容
Coolant Mass Flow Rate	冷却剂的质量流量
Coolant Temperature	冷却剂的入口温度
Heat Exchanger Efficiency	换热器的效能,范围为 0 到 1。取值为 1 时,表示换热器两侧出口温度是相等的

6)HVAC 通风面

HVAC 通风面用于连接 HVAC 系统和计算模型的其他部分。创建 HVAC 通风面的方式与创建其他通风面一样。在 Model 菜单中选择 New Vent,并在新建的 Vent 中 Surface 选项中选择其表面类型为 HVAC。该通风面将含有 HVAC Properties 选项卡,如果不希望气流垂直于该通风面流动,可选择 Louver 选项,并设定一个气流流动的方向向量。

5.10　运行计算

5.10.1　计算参数

运行 FDS 模拟的各个方面都可通过 PyroSim 用户界面来实现,包括设定模拟参数、执行单线程或多线程模拟,运行一个远程集群机模拟,重新恢复一个之前停止的模拟等。

在运行模拟计算前,用户可调整 FDS 的计算参数来使之符合计算要求。这些参数包括模拟时间、输出的物理量、环境参数等。选择 FDS 菜单的 Simulation Parameters,打开模拟参数对话框。该对话框包含了以下模拟参数:

1)计算时间控制

所有与时间相关的参数包含在 Time 选项卡中,如图 5.97 所示。

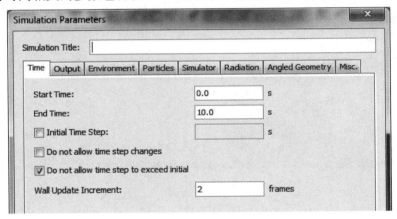

图 5.97　模拟时间选项

● Start Time:表示模型开始计算的时间,一般设置为 0。设为其他时间主要是为了改变输出文件中的时间序列,或用于场景的重建。

● End Time:模拟结束的时间。

● Initial Time Step:默认的时间步长。

● Do not allow time step changes:允许 FDS 改变时间步长。

● Do not allow time step to exceed initial:不允许时间步长超过初始时间步长。

2)输出参数

Output 选项卡包括输出数据的一些控制参数,如图 5.98 所示。

● Enable 3D Smoke Visualization:是否在结果中显示烟雾。勾选以后,基于模型中不同的组分显示 3D 烟雾。

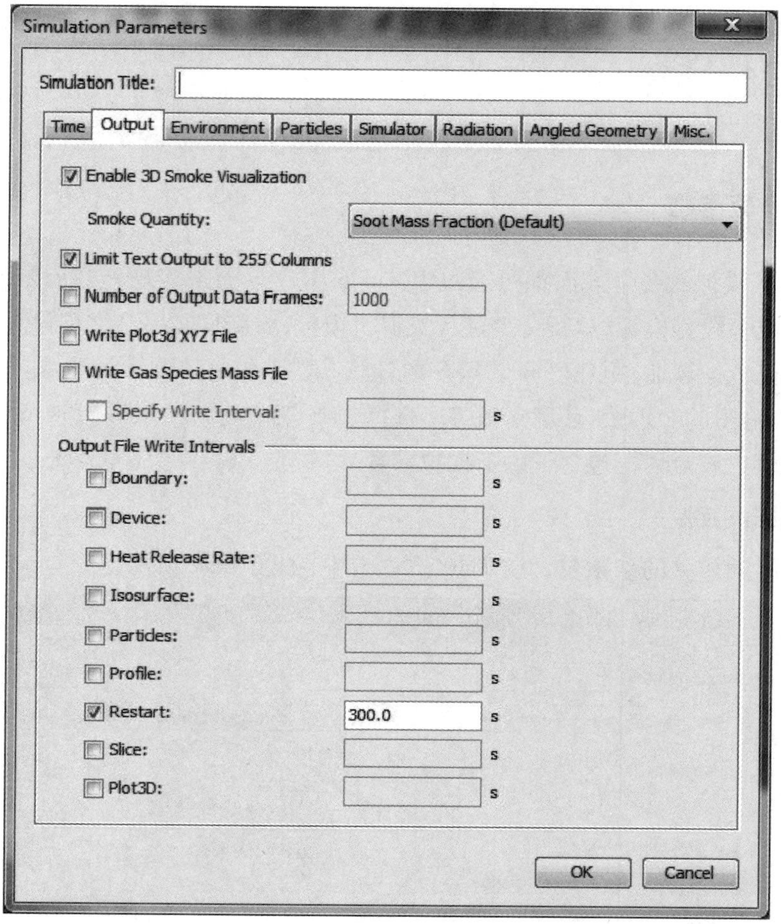

图 5.98　输出选项

- Limit Text Output to 255 Columns：限制 CSV 输出文件中最多有多少列。

- Output File Write Intervals：指定输出不同输出文件的输出间隔。

3）环境物理参数

Environment 选项卡用于设置各种环境属性，如图 5.99 所示。

这个选项卡中较特别的是 Gravity，即重力，它的 3 个分量可设置为时间 t 或 X 方向坐标的函数。这对模拟隧道或太空中重力的变化等有着重要的意义。

虽然在这个选项卡中可设定默认的环境条件，如温度、压力、组分的质量分数等，在 Model 菜单中还有 New Init Region 选项，该选项可创建新的初始化区域，并重设初始化的值。

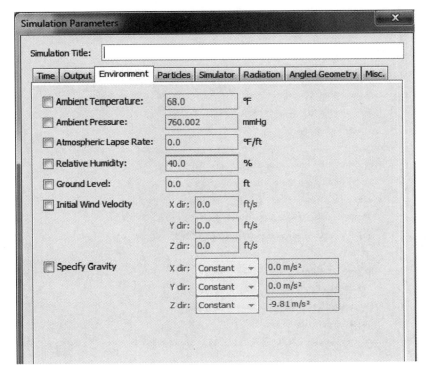

图 5.99　环境变量选项卡

4）几何模型参数

PyroSim 允许障碍物和孔在绘制规程中并不向网格对齐,而是在输出 FDS 输入文件时才将其转化为对齐网格的方块。PyroSim 可在 FDS 输入文件生成时自动进行这一转化,用户也可右键点击某个物体并选择 Convert to Blocks 来手动执行转化。

Angel Geometry 选项卡包含了将 Obstructions 和 holes 转化为对齐到网格的模型的参数,如图 5.100 所示。如果用户采用 Convert to Blocks 命令,这些选项也会弹出来供用户确认。

● Conversion Filtering:设置哪些物体会被对齐到网格。

● Rasterize only non axis-aligned objects［default］:仅处理未对齐到坐标轴的物体(默认):选择该选项后,不会将已对齐到坐标轴的物体输入转换引擎中。需要注意的是,那些对齐到坐标轴的物体的边界不一定位于网格的边沿上。

● Rasterize all objects:处理所有物体,即强制所有的 Obstructions 和 holes 都对齐到网格上。

● Grouping:转化后的物体如何分组。

● Group blocks into composite objects［default］:将转化后的对象压缩为物体(默认),对某个转化后的物体,如一道墙,创建一个物体包含所有的子块。

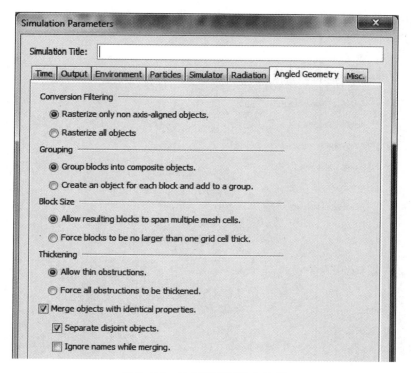

图 5.100　几何模型网格化选项

● Create an object for each block and add to a group：每个生成的子块都创建一个对象，将其放入一个组中来代替原物体。

● Block Size：设置子块的大小。

● Allow resulting blocks to span multiple mesh cells［default］：允许生成的块跨越多个网格（默认），生成的具有相同属性的相邻的子块合并为一个大子块，这可大大减少块的数目，如图 5.101 所示。

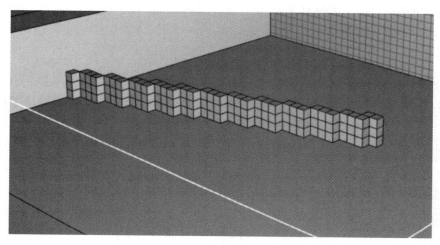

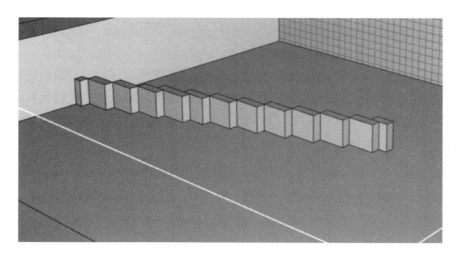

图 5.101　是否允许合并子块

● Force blocks to be on larger than one grid cell thick：生成的块不会合并。这将大大增加块的数目,耗费许多额外的内存,好处是更便于精细地进行调整。

● Thickening：控制物体是否可变成无厚度的对象。

● Allow thin obstructions［default］：默认允许物体被转化为无厚度的薄物体,如图 5.102 所示。如果在障碍物的属性对话框中设置其为 Thicken,则该选项无效。注意薄障碍物是不能含有通风口的。

● Force all obstructions to be thickened：强制所有障碍物保持厚度。

● Merge objects with identical properties［default＝true］：允许相邻的属性相同的块合并(默认),即使它们原本不属于同一物体。例如,两个接壤的墙可在转化过程中合并到一起。这样,可进一步降低生成物体的数目。

● Separate disjoint objects［default＝true］：如果物体的块不接触,则不会将它们合并(默认是)。

● Ignore names while merging［default＝false］：在考虑物体相似时不考虑其名称相似(默认否)。

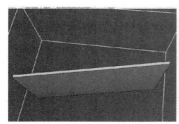 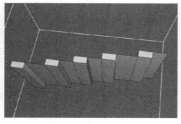 

图 5.102　是否允许产生无厚度的障碍物

5.10.2　求解运算

FDS 支持名为 OpenMP 的多线程支持库。OpenMP 使模拟计算过程可自动地运用多核处理器。OpenMP 并不受 FDS 输入文件的影响，需要通过配置环境变量来对其进行控制如图 5.103 所示。OpenMP 环境对话框提供了一个编辑环境变量的方法。这些设置应用在 PyroSim 的执行程序上，并不改变系统的环境变量。

图 5.103　OpenMP 计算参数

OpenMP Threads 处可设定 FDS 输入文件中 OMP_NUM_THREADS 变量的值，限制了 OpenMP 可使用的线程数。如果没有勾选该选项，则 OpenMP 使用与操作系统相同的处理器数目。

Intel 处理器支持超线程技术。如果使用超线程技术，处理器的数目可增加到实际处理器个数的 1 倍。然而，这将使得 OpenMO 使用 2 倍于理想处理数目的处理器。因此，如果计算机使用 Intel 超线程技术，则 OpenMP Threads 值最好设置为处理器的实际个数（也就是默认值的 1/2）。任务管理器会显示 CPU 使用率只有 50%，但实际计算速度比不设置 OpenMP Threads 的值要快。

OpenMP Stack 对应 FDS 输入文件中 OMP_STACKSIZE 变量的值，即 OpenMP 线程使用的内存的大小。默认情况下设置为 16 M，NIST 推荐的最大值为 200 M。

模型创建完成后，用户可通过 PyroSim 调用 FDS 进行运算。在 FDS 菜单中单击 Run FDS 或单击 ⏵按钮，即可开始运算，如图 5.104 所示。这样进行的计算将使用 OpenMP 线程，但不会使用多个 MPI 处理器并行运算。注意：默认情况下 PyroSim 不会自动保持当前的模型，除非在 File→Preferences 下的 FDS 选项卡中进行了设置。

图 5.104　运算工具栏

PyroSim 会自动创建一个与工程文件名同名的子文件夹来储存输入和输出文件。例如，如果 PyroSim 文件名为"C:\pyrosim_files\switchgear.psm"，则会创建目录"C:\pyrosim_files\switchgear\"。PyroSim 会在此文件夹中储存以下文件：

①当前 PyroSim 文件的备份。

②FDS 输出文件。

③扩展名为. ini 的 Smokeview 文件。

④扩展名为. gel 的几何模型文件。

这些文件的文件名都会与. psm 的文件相同。此外,运行计算的结果也会保存在此文件夹中。

运算开始后,如图 5. 105 所示的 FDS Simulation 对话框就会出现。FDS 计算的进度和相关信息会实时地显示在此对话框中。在运算过程中,PyroSim 仍可继续使用,也可同时开启多个运算。

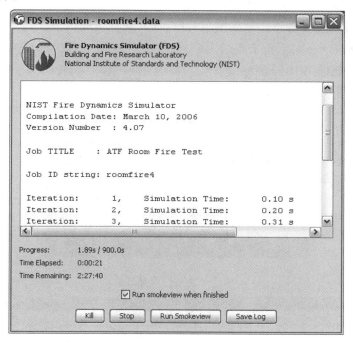

图 5. 105　计算运行状态

用户可单击 Save Log 命令,将当前的信息保存为 txt 文件。在模拟运行过程中,可单击 Run Smokeview,启动 Smokeview 查看当前计算结果。单击 Stop 按钮,可创建一个. stop 的文件,并停止模拟计算。同时,也会输出一个节点文件,以便之后可继续进行计算。通常情况下,从单击 Stop 按钮到计算停止会有一定的延迟。计算停止后,可选择 FDS 菜单中的 Resume Simulation 来恢复计算。

单击 Kill 按钮或关闭该对话框将会立刻终止计算,计算将无法再恢复。

有时,在开始运算或输出 FDS 文件时,可能会有以下错误提示信息(图 5. 106):"PyroSim 发现一个孔接触到网格边界,将会引起 FDS 的切割错误。您是否愿意小幅扩大这些孔?"

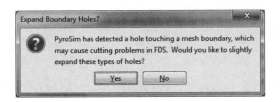

图 5.106　提示用户是否扩展孔洞

　　当从障碍物中切割一个孔,且孔和障碍物在同一位置与网格边沿接触时,FDS 不会完全切割该障碍物,而是在接触网格边界时留下一个薄的障碍物。图 5.107 中,障碍物和孔都接触了网格的底面,孔没有完全将障碍物"切穿",而是留下了最下面的一层。如图 5.108 所示为未孔穿透障碍物的情况。PyroSim 发现可能出现此类问题时,就会弹出 Expand Boundary Holes 对话框来提示用户,如果用户选择 Yes,则 PyroSim 会将孔接触网格表面的面向外延伸 1/10 个网格,这样就能确保孔穿透障碍物,如图 5.109 所示。如果用户选择 No,则孔将会保留原尺寸,界面处的薄壁也会保留。

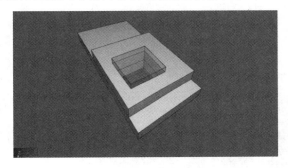

图 5.107　拓宽通孔以穿透障碍物

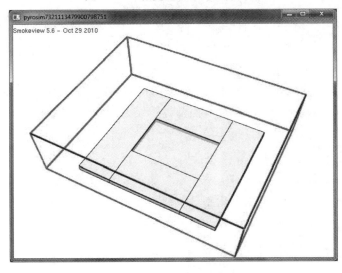

图 5.108　未拓宽的孔洞在网格边界处形成无厚度障碍物

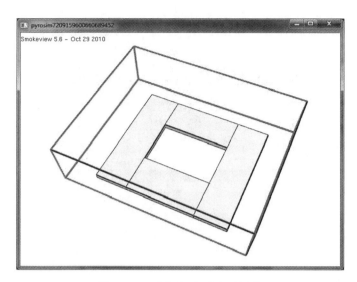

图 5.109 孔洞拓宽后穿透网格

在 PyroSim 中,可使用 FDS 的 MPI 多处理器并行运算。运行 MPI 并行运算时,每个网格中所有计算可独立运行。假如某个模拟采用单核模拟计算需要 t 秒钟,则采用 n 核计算效果理论上可将所需计算时间降低到 t/n 秒。实际上,因多个处理器之间的通信与任务分配,这通常很难达到。

在 FDS 菜单中,单击 Run FDS Parallel 可执行 MPI 并行运算。

在进行并行计算前,需要注意以下事项:

①网格的数量至少要等于处理器的数量。如果有 3 个处理器而网格只有 2 个,则有一个处理器就无法参与计算。注意这里所说的网格数量,不是指网格的具体数目,而是PyroSim 中 Mesh 对象的个数。

②网格不能够重叠。不推荐在粗糙网格内部添加精细的网格来试图提高计算精度。因为网格的数据是在边界处传递的,外部网格不会接收到其内部网格计算的任何数据。

③火源不应穿过网格边界。

PyroSim 允许在集群网络上采用 MPI 方法允许 FDS。这与运行并行运算的限制是相同的,每个网格运行单独的进程。集群系统可能包括多个计算机或节点,每个节点可能含有多个处理器。

集群模拟有以下要求:

①PyroSim 必须在每个集群机器上安装相同的文件夹。

②所有的 PyroSim 必须安装相同的版本。

③模拟输入和输出文件夹必须通过 UNC 路径对所有的集群机器开放,UNC 路径不能包含空格。

如果用户购买了 PyroSim 集群选项,就可在任意多个计算机上运行模拟。如果没有购买集群选项,就只能在最多两台电脑上运行。

在 FDS 菜单中,单击 Run FDS Cluster 将启动集群运算,如图 5.110 所示。

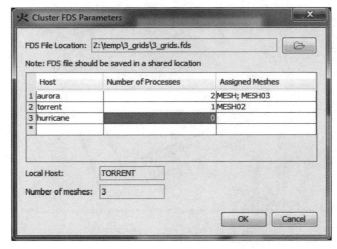

图 5.110　PyroSim 集群计算

第6章　模拟结果的输出与后处理

进行数值模拟计算之后,所获得的直接结果为模型中各个偏微分方程的数值解,即对应每个时间步长、每个单元格上离散的温度、压力、速度等物理量的值。通常在计算完成后,需要提取计算结果中的重要信息,将其转化为图、表或动画,以适当的方式进行呈现,这一过程称为模拟结果的后处理。本章分别介绍各种模拟结果后处理的数据类型以及在软件中的操作方式。

6.1　FDS/PyroSim 计算结果输出

6.1.1　物理量瞬时值

最简单的一种计算结果输出方式是观察空间中特定点(某个单元格)处的某个物理量随时间的变化。例如,坐标(x_1,y_1,z_1)处的温度随时间的变化。在 FDS 中,需要通过 &DEVC 命令组在输入文件中设定所要记录的物理量类型,ID 和对应的空间位置等信息。例如,下面的代码定义了一个温度传感器(热电偶)和一个热流量计。

```
&DEVC ID = 'THCP', QUANTITY = 'THERMOCOUPLE', XYZ = 0.0,0.0,0.0/
&DEVC ID = 'FLOW', QUANTITY = 'HEAT FLOW', XB = 0.0,0.0,0.0,1.0,0.0,1.0/
```

计算完成后,&DEVC 命令组定义的物理量会在 FDS 输入文件所在目录生成文件名为"XX_devc.csv"的文件,其中储存了每个 ID 对应的物理量在每个时刻的瞬时值。

在 PyroSim 中,程序预设了一部分 &DEVC 命令组的功能,包括热电偶(Thermocouple)、流体测量仪器(Flow Measuring Device)、热释放率热量仪(Heat Release Rate Device)、层分区测量仪(Layer Zoning Device)、束流探测器(Beam Detector Device)等,这些功能位于软件的 Devices 菜单栏内。

如果采用 PyroSim 进行计算,计算完成后可直接选择 Analysis 菜单的 Plot Time History Results 命令,自动加载 &DEVC 命令定义的输出数据。如图 6.1 所示为 PyroSim

自动绘制的某点温度随时间变化的曲线。

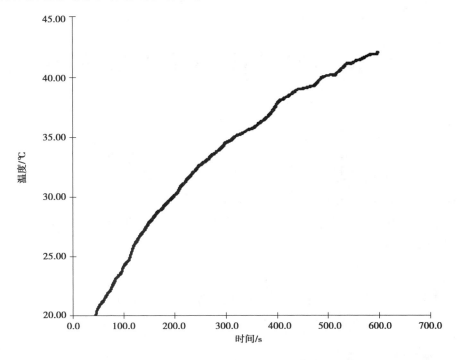

图 6.1　某点温度随时间变化的曲线

6.1.2　数据切面

　　数据切面显示特定时刻某一流场平面上的物理量分布,是最为常用的数据显示方式之一。在 FDS 中,数据切面垂直于坐标轴方向,通过 &SLCF 命令组定义。例如,下面的代码分布在 y = -42 和 y = -29 的位置,设置了垂直于 y 轴的数据切面,分别记录温度场和烟气体积分数的分布情况。这些切面的数据会按时间步长保存,并在后处理程序中动态显示。

```
&SLCF QUANTITY = 'TEMPERATURE', PBY = -42.0/
&SLCF QUANTITY = 'VOLUME FRACTION', SPEC_ID = 'SOOT', PBY = -29.0/
```

　　图 6.2 所示为 Smokeview 中显示的温度场数据切面。数据以云图的形式显示,右侧的色彩条指示了特定颜色对应的温度,下方的时间进度条指示了当前视图对应的计算时间。

　　PyroSim 中,可在 Output 菜单中选择 Slices 命令,创建数据切面,切面的主要属性见表 6.1。

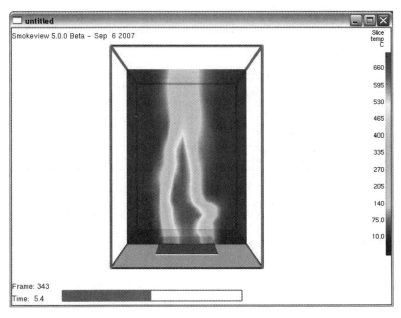

图 6.2　Smokeview 中显示的数据切面

表 6.1　数据切面的主要属性

参数	说明
XYZ Plane	选择切面所在的平面(与剖面一样,仅支持垂直于坐标轴的切面)
Plane Value	切面所在的坐标值。例如,上一选项中选择 X,此处选择 1 m,则该切面位于 X＝1 m 平面上
Gas Phase Quantity	该切面上监测的物理量
Use Vector	该项选择"YES"会在此切面上额外叠加一个流动矢量图

6.1.3　固体剖面

固体剖面用于显示物体内部的温度、密度等物理量的分布。固体剖面的输出文件命名为 CHID_prof_n 的形式。其中,CHID 是工程 ID,n 是固体剖面的编号。该输出文件包含了该剖面上物理量随时间的变化,理论上具备创建一个 2D 动画所需的数据。

在 Output 菜单中选择 Edit Solid Profiles 命令,可设定一个固体剖面,每个固体剖面都需要指定一些参数,见表 6.2。

表6.2　固体剖面的各项属性

参数	说明
ID	剖面的名称
X, Y, Z	进行切割的参考点
ORIENT	剖面的法线方向。例如，设置为 Z+，代表从切点处剖开后从正上方对该物体进行观察
QUANTITY	剖面记录和显示的物理量

注意：所选取的表面必须是导热的，否则 FDS 会在运行之前报错并停止模拟计算。

6.1.4　边界量

边界量用于可视化地显示各个物体边界上的数据，如温度分布等。显示的结果可通过 Smokeview 来查看，如图 6.3 所示。由于所针对的对象为模拟中的所有表面（Surfaces），因此不需要额外制订几何位置，只需要选择需要查看的物理量即可。

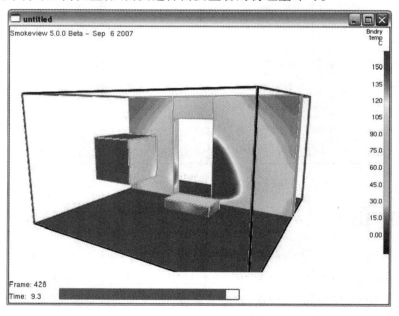

图 6.3　Smokeview 中显示的边界量

在 Output 菜单中选择 Boundary Quantities，在 Animated Boundary Quantities 对话框中，用户可选择需要显示的各个量。在 Smokeview 中，打开右键菜单选择 Load/Unload→Boundary File→WALL_TEMPERATURE，即可显示相应的数据。

6.1.5　等值面

等值面用于显示气相流场的三维轮廓图。数据可通过 Smokeview 动态、可视化地呈现,如图 6.4 所示。

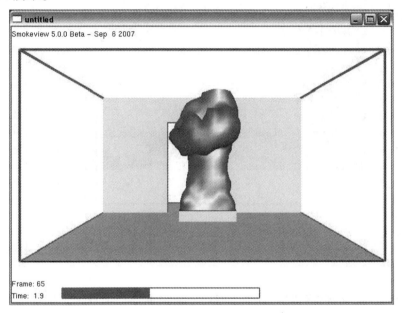

图 6.4　Smokeview 中显示的等值面

在 Output 菜单中选择 Isosurfaces,可创建等值面。在 Animated Isosurfaces 对话框中,用户可选择需要显示的物理量;在 Contour Values 栏中,输入需要显示的物理量的值。PyroSim 会根据该物理量对应的值生成等值面。如果输入多个值,之间需要用分号隔开。输入完成后,按 Enter 键确认。在 Smokeview 中打开右键菜单,选择 Load/Unload→ Isosurface File,可查看相应的等值面图。

6.1.6　3D 数据

Plot 3D 是一种可用于显示 2D 轮廓、矢量图、等值面图等的标准文件格式,如图 6.5 所示。

默认情况下,Plot 3D 数据会由以下物理量构成:单位体积热释放速率 HRRPUV、温度和 3 个方向的速度。通过 Output 菜单中的 Plot 3D Data 命令可打开 Plot 3D Static Data Dumps 对话框,选择需要输出的物理量。目前,FDS 仅支持最多 5 个物理量同时输出。

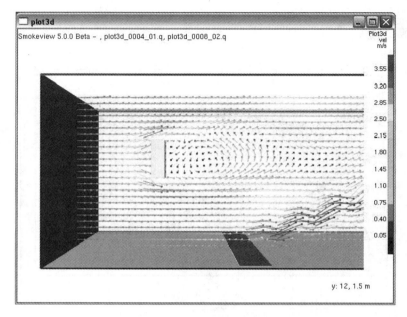

图 6.5　Smokeview 中显示的 3D 数据

6.1.7　统计数据

统计数据可看成设备系统的一个扩展。用户可创建一个数据统计器,并使用它查看并输出特定区域或网格中物理量的最小值、最大值、平均值等。这些数据也会生成随时间变化的数据,可通过 PyroSim 中的 2D 图来查看,如图 6.6 所示。

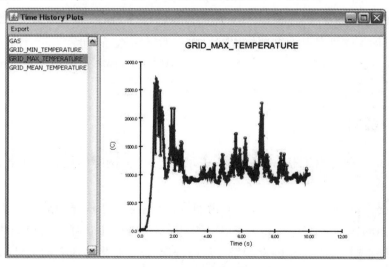

图 6.6　PyroSim 计算得到的统计数据

在 Output 菜单中选择 Statistics 命令,单击 New,创建新的数据统计器。根据针对的数据类型的不同,统计器可能需要设置一些参数,见表 6.3。

表 6.3　统计数据设置选项及含义

参数	说明
Quantity	所统计的物理量。该值在新建统计器的时候选择,之后无法更改
Mean	输出平均值
Minimum	输出最小值
Maximum	输出最大值
Volume Mean	输出按体积平均值
Mass Mean	输出按质量平均值
Volume Integral	输出体积积分
Area Integral	输出面积积分
Surface Integral	输出表面积分

使用统计数据时,需要关注 FDS 数值求解的细微差别。例如,统计数据的最小值对求解过程中方程的数值误差十分敏感,可能会输出违背物理规律的解。

6.1.8　压缩计算结果

FDS 菜单提供 Archive FDS Results 和 Restore FDS Results 选项,用来压缩和解压缩计算结果与输入文件。通过压缩计算结果,可把与某个算例有关的所有文件压缩为一个文件,如图 6.7 所示。

解压缩计算结果,如图 6.8 所示。

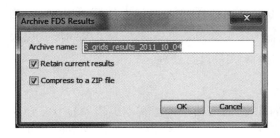

图 6.7　压缩计算结果　　　　　　　　图 6.8　解压缩计算结果

6.2　计算输出文件

FDS 计算结束后,根据模型设置的不同,可能产生多种不同的输出文件。一般情况下,这些文件均与输入文件存放在同一目录中,并统一以 &HEAD 命令组中 CHID 变量的值作为文件名的开头。多数情况下,用户并不需要过多地关注这些文件的实际内容。

常见的输出文件有:

1)CHID. smv

该文件用于 Smokeview(见 6.3 节)或 PyroSim Results(见 6.4 节)中可视化地展示计算结果的文件。用户通常不需要关注其具体内容。

2)CHID_devc. csv

保存由 &DEVC 定义的热电偶、感烟探测器等设备设施的数据随时间的变化。为了定量描述特定点处的数据变化,对该文件进行分析常常是后处理过程中的重点内容之一。扩展名 csv 的含义为"逗号分隔值(Comma-Separated Values)",有时也称字符分隔值,因为分隔字符也可以不是逗号。这是一种常用的以文本形式储存数据的文件格式,可用本文编辑器或 Excel 等数据处理程序进行编辑。如图 6.9 所示为 Excel 打开 CHID_devc. csv 文件。该文件的结构非常简单,左侧一列代表时间序列,右侧为热电偶在对应时刻的读数。如果算例中定义了更多的数据记录设备,其读数会依次向右排列。

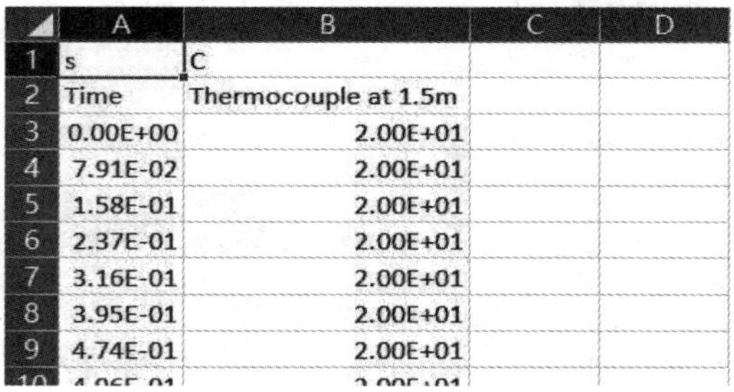

	A	B	C	D
1	s	c		
2	Time	Thermocouple at 1.5m		
3	0.00E+00	2.00E+01		
4	7.91E-02	2.00E+01		
5	1.58E-01	2.00E+01		
6	2.37E-01	2.00E+01		
7	3.16E-01	2.00E+01		
8	3.95E-01	2.00E+01		
9	4.74E-01	2.00E+01		
10	4.965.01	2.005.01		

图 6.9　CHID_devc. csv 文件

在 PyroSim 的 Analysis 菜单中选择 Plot time history results,可载入计算所得的 csv 格式文件,PyroSim 会自动绘制横轴为时间,纵轴为特定变量的曲线图。为了得到形式更灵活的图像,用户也可采用其他数据分析软件对 csv 文件进行处理。

3)CHID. out

该文件为 FDS 运行过程中反馈给用户的输出文件,可用任意文本编辑器打开。该文件通常包括工程名称、计算时间、运行参数、主要的输入参数以及每个时间步的计算信息。

4）CHID_0001_001. q

此类文件为 plot 3D 格式的数据文件。文件名中的第一个数字表示网格序列,第二个数字表述时间步(Time Step)。

5）CHID_01. s3d

保存 3D 烟气及热释放速率数据,通常在后处理程序中用于动态显示火焰和烟气。

6）CHID_hrr. csv

记录热释放速率随时间的变化。

7）CHID_ctrl. csv

保存由 &CTRL 定义的控制器的控制状态随时间的变化。通过此文件可观察控制器发生状态变化的准确时间。

8）CHID_01. sf

保存由 &SLCF 定义的数据云图信息。

9）CHID_01. bf

保存由 &BNDF 定义的边界数据信息。

10）CHID_001. iso

保存等值面数据。

6.3 Smokeview 后处理

Smokeview 是专用于 FDS 的后处理程序,主要用于动态可视化地显示 FDS 计算结果。FDS 计算完成后,默认直接打开 Smokeview 显示计算结果。用户也可通过命令行或双击 smv 文件(Windows 系统)来运行 Smokeview。如图 6.10 所示为 Smokeview 运行界面。

可知,Smokeview 界面十分简单,启动后窗体内显示计算的几何模型。图示为侧视图,用户按下鼠标左键拖动可旋转视角。

Smokeview 所有的设置均位于右键菜单中,如图 6.11 所示。

单击 Load/Unload-3D smoke-SOOT/HRRPUV,Smokeview 会显示烟气和火焰(单位体积热释放速率)的变化情况,如图 6.12 所示。窗体下方出现了指示时间的进度条,鼠标点击进度条可以拖动。

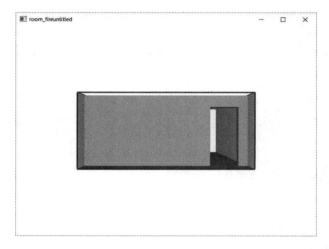

图 6.10 Smokeview 运行界面

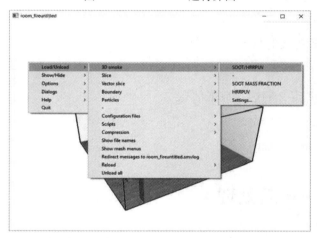

图 6.11 Smokeview 右键菜单

图 6.12 Smokeview 显示烟气流动

通过 Smokeview 右键菜单,用户可对输出进行一系列的控制。其中,Load/Unload 菜单用于加载各类数据文件,包括烟雾、切面和粒子等,该菜单控制着哪些内容会显示在当前的窗体中。Show/Hide 菜单可对显示的色彩、范围等参数进行控制。Option 菜单包括一些通用的选项,如单位、动画帧频率、字号及分辨率等。Dialogs 则包含进行参数设置的一系列对话框。

作为一个功能强大的后处理程序,Smokeview 可实现许多复杂的显示效果,但由于其开发的时间较早,一些操作并不符合当代软件设计和使用的习惯。将在下一节重点介绍 PyroSim 的后处理程序,相比之下,PyroSim 的后处理程序可实现 Smokeview 的绝大多数功能,并且在操作使用上更加友好。对 Smokeview 中其他显示内容以及对显示细节的设置,读者可参考 Smokeview 的帮助手册。

6.4　PyroSim Results 后处理

PyroSim Results 是与 PyroSim 同步发行的后处理程序。自 2017 版后加入 PyroSim 中,其主要功能是动态可视化地展示 PyroSim 的计算结果。PyroSim Results 可单独启动,也可在 PyroSim 中启动。如图 6.13 所示为其典型的界面。

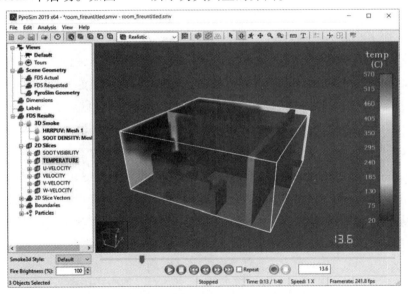

图 6.13　PyroSim Results 界面

PyroSim Results 可打开后缀为“. smv”的 FDS 标准计算结果。同时,采用后缀为“. smvv”的文件来保存 PyroSim Results 中显示、隐藏的信息以及用户的配置等。由图 6.13 可知,PyroSim Results 的界面与 PyroSim 风格、布局均比较一致。最上方为菜单栏和工具栏;左侧为导航窗格,以树状列表展示了计算结果中包含的元素;右侧主体区是 3D 视图,展示了模型的实际外观及相应的烟气分布、云图等信息;下方是一个类似媒体播放器的控制区,用于播放动画的控制。

6.4.1 导航窗格

PyroSim Results 显示的要素均显示在界面左侧的导航窗格中(图 6.13),其中的要素按树状组织,自上而下依次包括以下要素:

View:保存用户定义的镜头视角和镜头运动路径。

Scene Geometry:控制场景中几何物体的显示。FDS Actual 显示 FDS 中的障碍物、通风面、网格边界等,所有几何坐标将会对齐到网格线上。FDS Requested 同样显示障碍物、通风面、网格边界等信息,但其几何坐标与 FDS 输入文件保持一致,即尚未强制对齐到网格线。PyroSim Geometry 则包含导入 PyroSim 中的 CAD 文件信息。

Dimensions:用户创建的尺寸标注信息。

Labels:用户创建的文字标注信息。

FDS Results:控制数值模拟计算结果的显示,所显示的类型包括:

• 3D Smoke:通过热释放速率及烟气浓度渲染出的火焰与烟气流动图像。

• 3D Slices:保存气相的 3D 数据,可通过 3D 渲染来进行可视化,也可基于该数据创建 2D Slices 或 Isosurfaces,对应 FDS 中的 &SLCF 命令组。

• Plot 3d:与 3D Slices 类似,储存 3D 数据,对应 FDS 中的 &PL3D 命令组。

• Isosurfaces:显示气相数据的 3D 等值面,对应 FDS 中的 &ISOF 命令组。

• 2D Slices 显示气相流场 2D 数据云图,对应 FDS 中的 &SLCF 命令组。

• 2D Slice Vectors:显示平面中的气流方向,且可同时用气相数据云图来着色,对应 FDS 中的 &SLCF 命令组。

• Boundaries:显示障碍物边界处的固相或气相数据。对应 &BNDF 命令组。

• Particles:显示流场中的粒子。对应 &PART 命令组。

默认情况下,导入的所有 FDS 计算结果均处于非激活的状态,即不会在主程序窗格中显示。在导航窗格中,只有名字为粗体的显示要素处于激活状态,鼠标双击、右键选择 Show 将会激活某个显示对象,使其显示在右侧的模型中。再次双击或右键选择 Hide 将会关闭其激活状态。导航窗格中的所有显示要素均是树状排列的,一般而言,当上一层要素被激活或关闭时,其所有的子要素均为同时被激活或关闭。有些显示要素是可以同时显示的,如 3D Smoke 与 2D Slices;有些则是相互冲突的,只能同时显示其一,如 2D Slices 与 3D Slices。

6.4.2　色彩条状图

除 3D Smoke 和采用默认颜色的粒子以外，其他的 FDS 计算结果均会在窗体右侧显示一条色彩条状图，用于说明图中特定颜色代表的数量信息，色彩条状图的顶部标志出了当前显示的物理量及其单位，如图 6.14 所示。

图 6.14　温度云图与色彩条状图

左键单击色彩条状图，可添加一个高亮显示的区域，如图 6.15 所示。在默认情况下，高亮区域覆盖以点击点为中心上下共 5% 的数据区域，这一区域大小可通过鼠标滚轮来调整。右击色彩条状图，可取消高亮显示。

图 6.15　高亮显示的温度区域

6.4.3　全局 FDS 参数

选择 Analysis 菜单下的 FDS Preferences 命令（或在色彩条状图上双击），即可打开如图 6.16 所示的对话框。

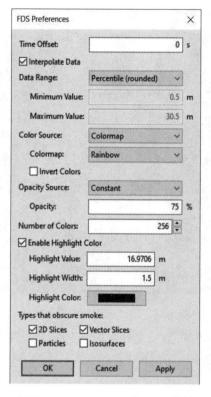

图 6.16　FDS Perferences 对话框

● Time Offset：设置时间偏移量。例如，如果输入 100 s，则算例开始时时间显示为 100 s，其他时刻的时间同样延后。

● Interpolate Data：勾选此选项，将通过线性差值的方式使显示出的动画更加平滑。这种平滑将消耗额外的计算机资源，且不适用于 Isosurfaces。

● Data Range：设置色彩条中显示的数据范围，其中 Minimum Value 对应色彩条最下方的颜色，Maximum Value 对应最上方的颜色。其他颜色通过线性差值计算得出。下拉菜单中的 Percentile 选项表示取计算时间内所有数据的中间 98%，自动计算并绘制出色彩条；Global 则表示将计算时间内全部数据用于自动绘制色彩条；（rounded）表示数据将四舍五入到整数位。

● Color Source：设置色彩条配色方案。

● Opacity Source：设置不透明度。

●Number of Colors：设置彩色显示所用到的颜色数量。保持默认值 256 时，颜色的过渡十分平滑。如果设置一个较小的值，则颜色的不连续性则会表现得十分明显。

●Enable Highlight Color：允许使用高亮显示。

●Highlight Value：高亮显示区的中间值。

●Highlight Width：高亮显示区的宽度。

●Highlight Color：高亮显示区的颜色。

●Types that obscure smoke：设置当特定的数据类型与烟气同时显示时，是否阻隔烟雾的显示。

6.4.4　计算结果显示

在默认情况下，所有包含火源的 FDS 模拟都会为每个 Mesh 输出两个 s3d 格式的文件，这些文件用于显示火灾产生的火焰与烟气。在导航窗格中，3D Smoke 组下面的 HRRPUV 用于显示火焰信息，而 SOOT DENSITY 则显示烟气信息，如图 6.17 所示。这种显示假设烟气为完全无光的，没有考虑实际火灾中的光线散射、环境光等因素。同时，基于 HRRPUV（Heat Release Rate Per Unit Volume）的火焰显示实际上忽略了实际火灾中火焰颜色、形状和规模的复杂变化。

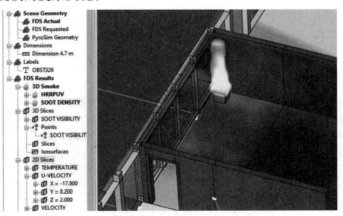

图 6.17　烟气与火焰的显示

在导航窗格中，右键单击 3D Smoke 组，可打开如图 6.18 所示的对话框。其中，Preset 下拉菜单包括了预定义的设置，还包括 PyroSim Results 的默认设置及不同版本 Smokeview 的默认设置。Fire Rendering 下拉菜单则可选择两种不同的火焰渲染模式。Radiant 模式认为火焰本身是发光的，烟气则对光线有阻碍作用；Volumetric 模式则将火焰同样视为吸收并反射光线的对象。根据所选模式的不同，对话框下方的一系列要素可对烟气和火焰的显示进行更为精细的调整。

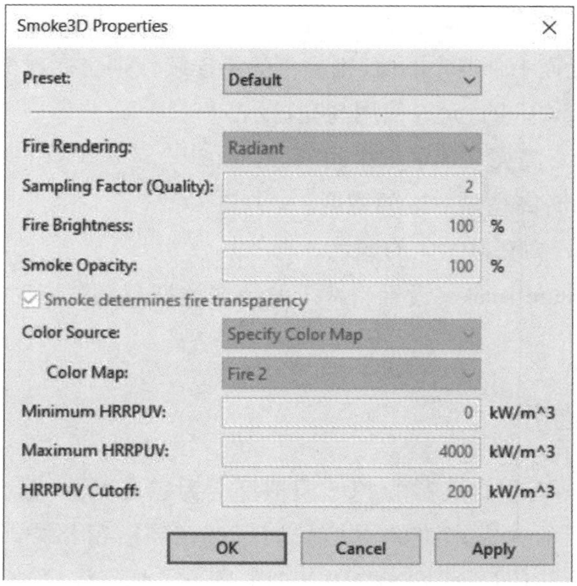

图 6.18　Smoke3D 属性对话框

　　3D Slices 和 Plot 3D 均可用于显示 3D 信息,Plot 3D 是一种通用的数据格式,储存整个 Mesh 的 5 个不同变量;3D Slices 则是 FDS 特有的,可仅包含特定区域的数据和特定的变量。尽管如此,Results 向用户隐藏了这些细节,使得两种格式储存的数据均以相同的方式显示。Results 中 3D 数据渲染效果如图 6.19 所示。在默认情况下,数据范围的最小值对应的不透明度为 0% ,即完全透明;最大值对应的不透明度为 75% 。用户可通过 FDS Perference 中的 Gradiant Opacity Source 选项来改变这一设置。

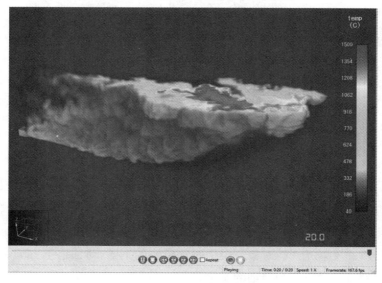

图 6.19　3D 温度数据渲染图

用户可基于 3D Slices 和 Plot 3D 数据创建等值面、2D 数据云图或数据监测点来进一步地显示数据。在导航窗格中,3D Slices 或 Plot 3D 组中的数据部分单击右键,选择 Add point 命令,打开相应的对话框,即可设置数据点的位置和其显示的信息。数据点的显示效果,如图 6.20 所示。

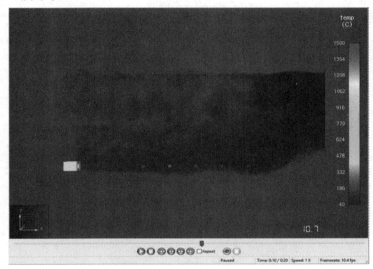

图 6.20　3D 数据中数据点

通过选择 Add slice 命令可添加数据切面,即云图,如图 6.21 所示。通过 3D 数据创建出的数据切面与通过 PyroSim 的 2D Slices 命令(或 FDS 中的 &SLCF)创建的切面是类似的。区别在于,基于 3D 数据的数据面可在后处理过程中生成,且在 Results 的导航窗格中显示在相应的 3D 数据分组中,而预定义的数据切面需要在计算开始前定义,并显示在导航窗格中 FDS Results 分组下的 2D Slices 中。

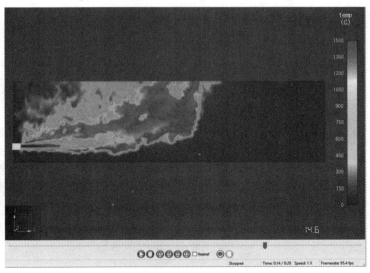

图 6.21　数据切面

等值面（Isosurface）同样既可在模型设置时进行定义，也可基于 3D 数据创建，如图 6.22 所示。

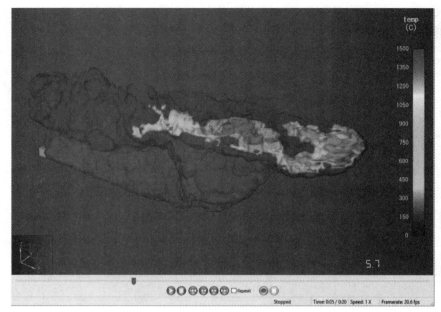

图 6.22　等值线图

在进行模型设置时，数据切面可通过 VECTORS 选项设置为向量显示模式，即通过带有箭头的线段来表示空气流动的速度方向。在 Results 中，这些结果显示在导航窗格中的 2D Slice Vectors 分组中，实际显示效果如图 6.23 所示。其中，箭头的方向表示气流方向，线段的大小表示速度大小，颜色则表示温度。

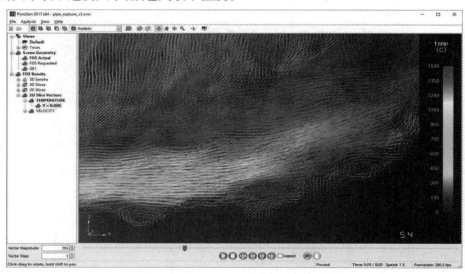

图 6.23　向量模式显示的数据切面

　　在导航窗格中,右键单击 2D Slices Vectors,可打开属性对话框(图 6.24)设置显示的细节。其中,Vector Factor 用于设置箭头的尺寸,Vector Step 则用于设置箭头的数目。

图 6.24　向量显示模式设置

　　导航窗格中的 Boundaries 组显示了固体边界处的气相数据分布图。显示效果如图 6.25 所示。边界着色过程中,数据代表的颜色将与物体表面设置的显示颜色混合,具体的混合比可通过 FDS Perference 对话框中的 Opacity 参数设置。

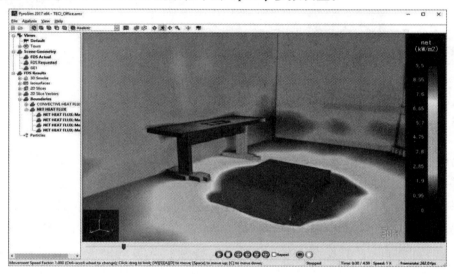

图 6.25　固体边界数值

　　粒子的显示在导航窗格中表示为 Particles 组,默认情况下粒子显示为单一颜色的圆点。右键单击 Particles 并选择 Properties 可打开如图 6.26 所示的对话框。其中,Trail Time 默认为 0 s,当其不为 0 时,视图中将会显示粒子在此前一定时间(即 Trail Time 的值)经过的轨迹。Particle Color 下拉菜单则控制着粒子的颜色,当选择某一物理量时,粒子将按此变量的信息被着色,如图 6.27 所示。

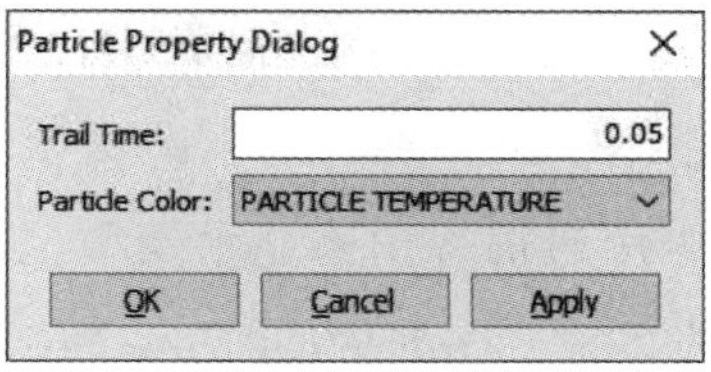

图 6.26　粒子显示设置

图 6.27　以温度着色的粒子

6.4.5　Results 工具栏

PyroSim Results 的工具栏如图 6.28 所示。最左侧的 3 个按钮分别是新建、打开和保存文件。 表示在当前显示结果的基础上进一步添加数据。其主要意义在于 PyroSim Results 可同时用于 PyroSim(火灾数值模拟)和 Pathfinder(人员疏散模拟)两个计算程序的结果后处理。如果当前已显示了 PyroSim 的计算结果,则可通过该按钮添加同一计算场景下的 Pathfinder 计算结果,从而实现火灾蔓延和人员疏散的同步模拟。考虑到 Pathfinder 的相关内容并没有包含在本书范围内,此处不再对该方面内容展开介绍。

图 6.28　PyroSim Results 工具栏

按钮与 Analysis 菜单的 Time Settings 功能相同,均可打开如图 6.29 所示的时间轴设置对话框。其中,Time Reference 表示 t=0 代表的实际时间,默认是运算执行的时间。Timeline Offsets 是该算例的时间轴相对实际时间的偏移值。View Timeline 表示 PyroSim Results 中显示的时间轴的范围。该值的设置直接影响右下角播放控制栏的起始和结束时间。

Perspective View 表示采用透视视角来显示模型。这种显示方式最为贴近实际,观察点可在几何模型的内部或外部。Orthogonal View 则表示采用正交视角来显示模型,即没有"近大远小"的透视关系。该模式只能从模型外部进行观察。右面的 3 个按钮

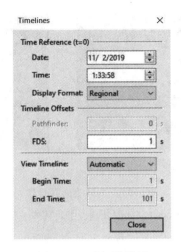

图 6.29　时间轴设置

分别表示从顶部、正面和侧面进行观察。

通过如图 6.28 所示的下拉菜单,可以几何模型地显示信息。Wireframe Rendering ▣ 模式只显示几何物体的外部轮廓。Solid Rendering ▣模式不显示几何物体的材质和纹理。 Solid with Outlines ▣模式不显示几何物体的材质和纹理,但同时显示轮廓线。Realistic ▣ 模式显示物体的材质和纹理。Realistic with Outlines ▣模式显示材质和纹理但不现实轮 廓线。

▣按钮与 View 菜单中的 Floors Setting 相同,均可打开如图 6.30 所示左图的楼层设 置对话框。单击其中的"Edit…"按钮,还可打开右图的楼层编辑对话框。该对话框中的 每一行数字代表一个 Floor 对应的高度。如果用户在 PyroSim 中已定义了楼层(见 5.7 节),相关信息则会出现在此处。也可在此新增、编辑和删除楼层信息。

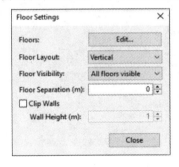 

图 6.30　Floors 设置

定义楼层的主要作用在于可以水平或垂直展开的方式对各个楼层进行显示。将如 图 6.13 所示的计算结果按照每 1 m 一个楼层进行设置并展开。其结果如图 6.31 所示。 可知,此处的楼层并不一定是建筑学意义上的楼层,而是人为设定的水平数据切面。对 多层或高层建筑,采用这种方式无疑是对比显示各楼层的有效方式。

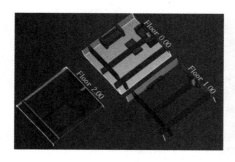 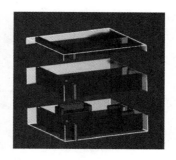

（a）水平展开 　　　　　　　　　　（b）垂直展开

图 6.31　按楼层展开设置

与 PyroSim 主程序一样，Results 中也可采用旋转⊕、缩放🔍、漫游✦等工具，其含义也与 PyroSim 主程序相同，具体可参见本书 5.3 节。用户可通过重置视图✦ 按钮将视图恢复到初始状态，🔲工具用于将视图重置到所选择的对象。

尺寸标注工具🗠用于在场景中标注尺寸，如图 6.32 所示。选择该工具后，依次点击鼠标，确定尺寸标注的起点和终点（鼠标光标将自动捕获附近的关键几何点）。之后，拖动鼠标，自动标注的文字和标注符号将随着鼠标移动，再次点击鼠标或按 Enter 键确定标注添加的位置。

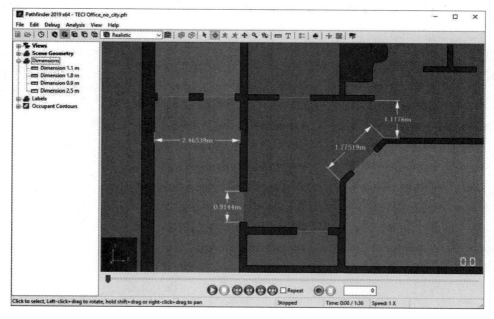

图 6.32　尺寸标注

文字注记工具 T 用于在场景中标注文字，如图 6.33 所示。选择该工具，点击鼠标确定要标注的点，移动鼠标到拟添加文字的位置再次按下鼠标，程序将会自动在两点间创建指示线，并弹出一个对话框，提示用户输入所要标注的文字。

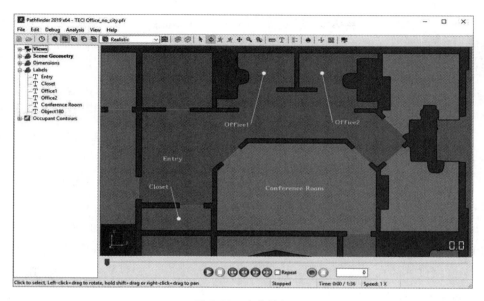

图 6.33　文字注记

6.4.6　视图管理

与 PyroSim 主程序类似,Results 中同样采用视图(View)来储存和重现模型的显示状态,所有视图均处于导航窗格的 Views 分组中,每个算例均有名为 Default 的默认视图。除默认视图,Views 分组中还包括 Viewpoints 和 Tours 分组,Viewpoints 分组中储存了用户自定义的视图,右键点击可以编辑视图对应的 Section Box,即显示的截取区域。

Tours 分组中储存动态变化的视角,通过设置 Tour,用户可设定一个按既定轨迹展示模型的动画。Tour 通过设定"关键帧"来定义,当某个 Tour 播放时,镜头视角按照预设的时间,从一个关键帧平滑地过渡到下一个关键帧,从而实现动态展示。

在导航窗格中的 Tours 上单击右键,选择 New tour,打开如图 6.34 所示的对话框。Tour 基于 Results 中设置的时间轴(图 6.29)创建,图 6.34 中,关键帧(Keyframes)的设置是 Tour 的关键,其中 Time 表示关键帧对应的时间节点,Transition 可选择 Stationary(镜头固定不动直到下一个关键帧)或 Move to next(镜头平滑地过渡到下一个关键帧)。除此以外,每个关键帧还对应着一个 Viewpoint,即镜头的位置、转角、缩放等信息。当需要添加一个关键帧时,首先通过程序下方的时间轴滑块拖动到特定的时间,然后回到程序显示的场景中调整显示状态,最后单击对话框中的 Add,并根据需要选择 Transiton 下拉菜单中的值,程序

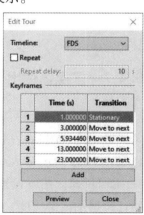

图 6.34　编辑 Tour

会自动将当前视图添加为一个关键帧,并按时间顺序进行排列。如果用户希望 Tour 能循环播放,只需勾选对话框中的 Repeat 选项。单击 Preview 按钮,即可对 Tour 的设置情况进行预览。

编辑 Tour 的过程通常需要反复修改调整,在导航窗格 Tours 分组内或场景空白处单击右键,均可打开如图 6.34 所示的对话框,对已创建的 Tour 进行编辑。用户可在该对话框开启的情况下,随时加入新的关键帧,或通过在关键帧上单击右键并选择 Remove 来删除一个关键帧。在关键帧上单击右键,还会发现 Shit time 和 Record camera position 两个功能,前者用于修改关键帧对应的时间,后者将当前镜头视角作为该关键帧对应的镜头视角,并覆盖原有设置,从而实现对镜头的调整。

Results 可为每个 View 或 Tour 创建一个截取区域(Section box),此处截取区域的概念与 PyroSim 中类似(见 5.3.6 节),均是在场景中划定一个区域,使程序显示区域内的模型,而对区域以外的部分进行隐藏。在导航窗格中右键点击某个 Viewpoint 或 Tour,选择 Add section box(如果已添加过 section box,该命令变为 Edit section properties),弹出如图 6.35 所示的对话框。Results 中的 Section box 由最多 6 个面围成,这些面可以是垂直于坐标轴方向的,也可以通过平面方程、点法式方程或平面上 3 点的坐标来定义,如图 6.35 所示。

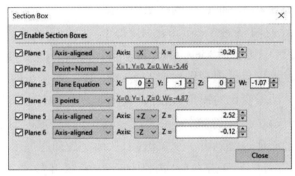

图 6.35　设置 Section box

6.4.7　多媒体输出

PyroSim Results 可方便地将计算结果输出为图片或者视频。输出图片时,首先激活需要输出的视图和数据,使其在 3D 视图中处于可见的状态。然后在 File 菜单中选择 Create Screenshot,输入截图的文件名,程序将弹出如图 6.36 所示的对话框。其中,Screenshot Size 用于设置截图的分辨率,Enable Level of Detail 选项通过降低远景的细节特征来增加渲染速度。Creation 下拉菜单则用于设置输出单张或多张截图:选择为 Single 时,只需要输入截图对应的时间和视角即可;选择为 Multiple 时,用户需要输入截图的开始时间、结束时间和间隔时间,并且可同时截取多个视角下对应的图片。

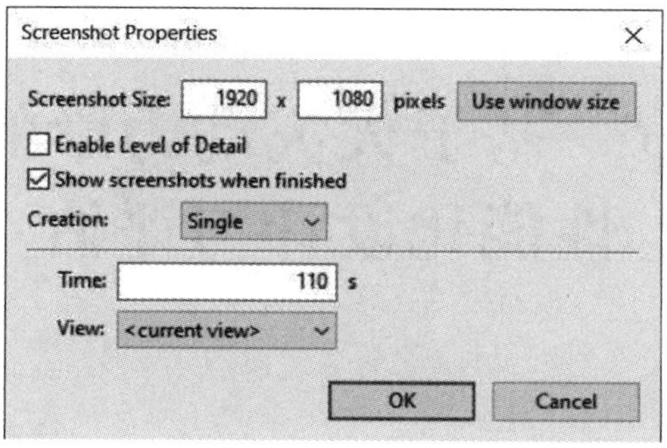

图 6.36　截图设置

当有一系列类似的算例需要输出截图时,用户可采用".tsv"格式的文件来自动化地生成截图。tsv 文件是一种用制表符分隔的纯文本文件,可使用任意文本编辑器进行编辑。Results 输入的 tsv 文件的格式如下:

time1　viewname1　viewname2

time2　viewname1　viewname3　viewname4

time3　viewname2

…

其中,每一行第一个值代表截图时间,之后的每个值对应一个视图。

第7章 基于火灾动力学的消防性能化设计与评估

7.1 消防性能化设计与评估

7.1.1 消防性能化设计与评估的概念

消防性能化设计与评估就是针对建筑的实际结构、状态和功能,提出消防安全目标,采用消防安全工程原理与方法(如本书介绍的火灾动力学数值模拟方法),对特定火灾场景及其产生的后果进行定性和定量预测与评估,制订并优化建筑消防安全方案,为建筑物的消防设计以及消防安全管理提供指导。

7.1.2 消防安全目标

在消防安全性能化设计和评估中,应确定一个或多个消防安全目标,而生命安全和财产安全是首要的。例如,《建筑设计防火规范》(GB 50016—2014)第1.0.1条规定,为了预防建筑火灾,减少火灾危害,保护人身和财产的安全,制定本规范。

生命安全目标具体可包括:人员能疏散至建筑内或外的安全区域,或全部安全撤离;消防员在试灭火救援作业中生命安全不受威胁;结构坍塌不会危及建筑物周边人员及消防员的人身安全等。财产安全目标具体可包括:建筑物结构和构造不受破坏;建筑物内部重要物品不受破坏等。另外,设计者或评估者还应针对建筑的实际结构、状态和功能,设定其他的消防安全目标,如商业和社会活动的持续性、环境保护、遗产保护等安全目标。

7.1.3 建筑消防性能判定依据

火灾中能够影响人员安全疏散的因素很多,如烟气层的位置、火灾产生辐射强度、火场中视线的清晰度、火灾中产生的毒性产物等,均可能对疏散人员构成威胁。在对火场疏散条件进行判断的过程中,只要其中任何一项参数超过人员耐受标准,则认为建筑的消防安全水平不能达到规范要求水平。

1)烟层高度

在疏散过程中,烟气层应始终保持在人群头部以上一定高度,以保证人在疏散时不必从烟气中穿过受到烟气中的有害燃烧产物的危害或热烟气流的辐射热威胁。在疏散过程中,只有控制烟气维持在人员头部以上一定的高度,才能使人员在疏散时不会从火灾烟气中穿过或受到热烟气流的热辐射影响。烟气层高度依据《建筑防烟排烟系统技术标准》(GB 51251—2017)中第 4.6.9 条中的相关规定计算后设置。

2)热辐射

根据人对热辐射的耐受能力的研究资料,人对烟气层等火灾环境的热辐射的耐受极限是 2.5 kW/m²。相关实验结果见表 7.1。辐射热为 2.5 kW/m² 相当于烟气层的温度为 180 ~ 200 ℃,即当烟气层温度大于 180 ℃时,烟气产生的热辐射强度使疏散人员无法忍受,会影响人员的安全疏散。

表 7.1　对热辐射的耐受极限

辐射强度	< 2.5k W/m²	2.5 kW/m²	10 kW/m²
耐受时间	> 5 min	30 s	4 s

3)对流热

火灾过程中,空气的热对流强烈,导致烟气层下方空气温度逐渐升高。试验表明,呼吸过热的空气会导致人员中暑和皮肤烧伤。对于大多数建筑环境而言,人体可短时间承受 100 ℃ 环境的对流热,可较长时间承受 60 ℃ 环境的对流热,见表 7.2。保守考虑时,可要求火灾场景中烟气层下方空气温度保持在 60 ℃ 以下(起火点周边除外)。

表 7.2　对流热的耐受极限

温度和湿度条件	<60 ℃,水分饱和	60 ℃,含水量<1%	100 ℃,含水量<1%
耐受时间/min	> 30	12	1

4)能见度

能见度是一个对人员疏散时间长短影响较大的参数。在烟气浓度较高时,能见度下降导致室内人员确定疏散途径和疏散出口的时间大大增加,往往会造成室内人员朝着错误的方向进行疏散,从而产生严重后果。

根据《澳大利亚消防工程指南》，能见度的定量标准应根据建筑内的空间高度和面积大小确定。表7.3 给出了适用于小空间和大空间的最低光密度和相应的能见距离。

表 7.3　建议采用的人员可以耐受的能见度界限值

参数	小空间	大空间
光密度/$(OD \cdot m^{-1})$	0.2	0.1
能见度/m	5	10

5）毒性产物

火灾中的热分解产物及其浓度与分布因燃烧材料、建筑空间特性和火灾规模等不同而有所区别，其物质的组成成分和分布也是很复杂的。火灾中的热分解产物因燃烧材料不同而有所区别，各种组分的生成量及其分布复杂，不同组分对人体的影响也有较大差异。在消防安全分析预测中，很难较准确地定量描述。因此，工程应用中通常采用的一种有效的简化处理方法，即主要将火灾中生成的 CO 和 CO_2 作为评价指标。

一般认为，当人员长时间滞留 CO 浓度（物质的体积分数，下同）超过 400×10^{-6} 的空气中超过 2 h 时，身体就会出现不适。若在浓度达到 $1\ 000 \times 10^{-6}$ 的空气中滞留 2 h 以上，就会出现头疼、呕吐等严重影响疏散行动的症状。综合考虑 CO 浓度与人员耐受时间的关系，可要求火灾场景中 CO 浓度不大于 500×10^{-6}。

当空气中 CO_2 浓度较小时对人体影响较小，如大气中本身即含有占大气总体积 0.03% 的 CO_2。但当空气中的 CO_2 体积百分比达到 1% 时，人员长时间滞留会导致气闷、头晕、心悸等。因此，CO_2 危险临界值可设定为 1% 或根据实际情况设定为更小值。

7.1.4　基于火灾动力学的消防性能化设计与评估的流程

基于火灾动力学的消防性能化设计与评估的流程如图7.1 所示。根据设计方案建立建筑物的三维模型后，应明确消防安全目标和性能判定依据；确定几种典型的火灾场景，设定火灾动力学模拟的边界条件，基于三维模型划分计算网格，完成火灾动力学数值模拟。若结果满足消防目标和性能判据，则可确定消防设计方案；否则，需要重新进行消防安全设计。

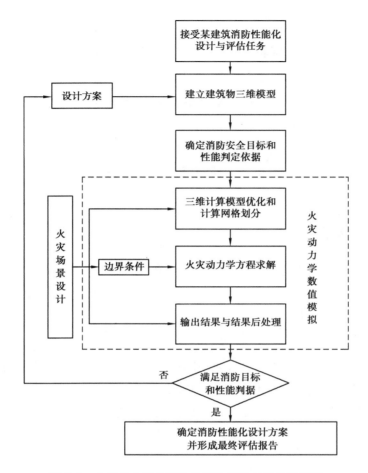

图 7.1　火灾动力学的消防性能化设计与评估的流程

7.2　火灾场景选择

7.2.1　火灾场景选取原则

确定不同部位的火灾场景并计算可能存在的火灾规模大小,是消防定量化分析中重要的一环。火灾规模大小的确认,是在研究数据、统计资料及工程分析的基础上进行的。正确选择火灾场景是消防安全定量化分析的前提条件。选取的场景应具有:

1)代表性

所选取的场景应具有代表性,能表现出需要解决的问题以及解决的方案。

2）保守性

所选取的场景应是同一问题中相对保守的,对问题的解决是最不利的。

3）针对性

所选取的场景在符合以上两条的基础上,应能包含尽量多的问题,使选取的场景更能客观反映建筑的消防安全。

各个场景中设定的火灾载荷应该是保守的,而选取的火灾场景也基于风险分析,代表可以预估的不利情况。一般可重点考虑各种消防设备失效的情况,确定若干个火灾场景。

7.2.2　火灾场景设计

火灾场景的设计一般包括预测火灾的发生和发展过程、确定火灾的最大可能规模等。这些内容的确定与建筑的使用功能、可燃物的分布、可燃物性质和数量、消防系统的特点及建筑物的运营管理等因素有关。

1）火灾过程分析

火灾发生的规模应综合考虑建筑内消防设施的安全水平,火灾荷载的布置及种类,建筑空间大小,以及成熟可信的统计资料、实验结果等来确定。

如图 7.2 所示为火灾各个发展阶段。本节从保守角度出发,考虑火灾经过早期发展以后,一直维持稳定燃烧,不考虑后期衰减。

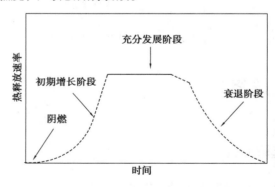

图 7.2　火灾各个发展阶段

2）火灾增长系数 α 值的确定

火灾一般经历早期发展、完全燃烧和后期衰减 3 个阶段。NFPA 指出早期火灾发展按 t^2 规律进行,即

$$Q_f = \alpha t^2 \tag{7.1}$$

式中　Q_f——火灾热释放速率,kW；

t——时间,s;

α——火灾增长系数,kW/s^2。

因火灾早期的发展与时间的平方成正比关系,故通常称为 t^2 火灾。在消防安全工程学中,这一套曲线常用于一些性能化防火设计中的火灾场景设计。火灾增长系数 α 是计算中不可或缺的关键参数,可依据《建筑防烟排烟技术标准》(GB 51251—2017)第4.6节给出的取值来确定,见表7.4。此外,美国消防协会(NFPA)标准 *Standard of Smoke and Heat Venting*(NFPA 204—2021)中给出了更多的火灾增长模型,也可作为参考,具体见表7.5。

表 7.4　各类场所的火灾热释放速率

建筑类别	喷淋设置情况	热释放速率 Q/MW
办公室、教室、客房、走道	无喷淋	6.0
	有喷淋	1.5
商店、展览	无喷淋	10.0
	有喷淋	3.0
其他公共场所	无喷淋	8.0
	有喷淋	2.5
汽车库	无喷淋	3.0
	有喷淋	1.5
厂房	无喷淋	8.0
	有喷淋	2.5
仓库	无喷淋	20.0
	有喷淋	4.0

表 7.5　火灾增长系数

火灾类别	典型的可燃材料	火灾增长系数/(kW·s^{-2})
慢速火	木制家具	0.002 78
中速火	棉质、聚酯垫子	0.011
快速火	装满的邮件袋、木制货架托盘、泡沫塑料	0.044
超快速火	池火、快速燃烧的装饰家具、轻质窗帘	0.178

3)火灾规模的确定

火灾在经历了早期发展后,将进入完全燃烧阶段。在这个阶段火灾的热释放速率将达到最大。对完全燃烧和后期衰减过程,在火灾安全评价中,一般保守假设水系统有效控火条件下最大热释放速率保持不变,如图 7.3 所示的曲线 f_2。

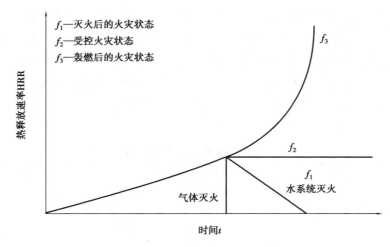

图 7.3 自动灭火系统对火灾发展的影响

7.3 火灾动力学数值模拟流程

建筑结构设计者通过设计方案,给出的建筑三维模型往往结构精细而复杂,火灾动力学模拟不可能也没必要考虑过于精细的结构。因此,需将建筑物的主要特征适当地进行简化,忽略不重要的细节。例如,室内桌椅可根据情况进行省略,常闭的门窗可直接设置为障碍物,常开的门窗则可忽略其实体模型。如图 7.4 所示为火灾动力学数值模拟流程。

根据设计方案和火灾场景要求,可在模型内设置喷淋装置和感温探测器,然后根据火灾场景,设置不同的火源边界条件和通风边界条件。

网格划分时,应根据需求设定网格大小,可设定多个网格(mesh),火源所在 mesh 和重点关注区域的 mesh 应有较为精细的计算单元格,以保证结果的准确性。其他区域可根据实际情况和计算机性能设置较为粗糙的单元格,以节约计算时间。

在火灾模拟软件中,所有有几何尺寸的对象在网格划分后都会强制对齐到网格线上,许多不规则的对象可能在这个过程中产生变化。因此,网格划分完成后,应检查网格,若出现不合理的变化,应对三维模型或网格尺寸进行一定的调整。

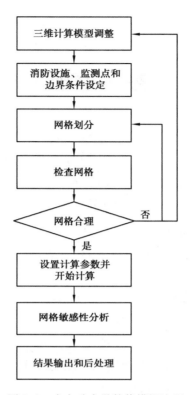

图 7.4 火灾动力学数值模拟流程

参考文献

[1] 陈志芬,陈晋,黄崇福,等. 大型公共场所火灾风险评价指标体系(Ⅰ):火灾事故因果分析[J]. 自然灾害学报,2006,15(1):79-85.

[2] 陈志芬,陈晋,黄崇福,等. 大型公共场所火灾风险评价指标体系(Ⅱ):指标及其权重确定[J]. 自然灾害学报,2006,15(2):164-168.

[3] 连旦军,董希琳,吴立志. 城市区域火灾风险评估综述[J]. 消防科学与技术,2004,23(3):240-242.

[4] 王梦超. 城市区域火灾风险评估与对策研究[D]. 北京:中国地质大学,2010.

[5] 范维澄,孙金华,陆守香. 火灾风险评估方法学[M]. 北京:科学出版社,2004.

[6] 刘方,廖曙江. 建筑防火性能化设计[M]. 重庆:重庆大学出版社,2007.

[7] 庄磊,黎昌海,陆守香,等. 我国建筑防火性能化设计的研究和应用现状[J]. 中国安全科学学报,2007,17(3):119-125.

[8] 孙占辉,姚斌,孙金华. 火灾场景设计与火灾危险度分析在火灾性能化设计危险源辨识中的应用[J]. 火灾科学,2004,13(2):106-110.

[9] 程博. 建筑防火性能化设计中火灾场景的设定[J]. 消防界(电子版),2020,6(10):36.

[10] 李引擎. 建筑防火性能化设计[M]. 北京:化学工业出版社,2005.

[11] 王晓燕,吕雪,王力,等. 地铁车辆主动灭火系统对人员安全疏散的有效性分析[J]. 交通节能与环保,2021,17(4):152-155.

[12] 刘军,刘敏,智会强,等. FDS火灾模拟基本理论探析与应用技巧[J]. 安全,2006,27(1):6-9.

[13] 邹树平. 宿舍楼火灾烟流数值模拟及仿真实现[D]. 哈尔滨:哈尔滨工程大学,2012.

[14] 邓玲. FDS场模拟计算中的网格分析[J]. 消防科学与技术,2006,25(2):207-210.

[15] JEVTIĆ R B. The importance of fire simulation in fire prediction[J]. Tehnika,2014,69(1):153-158.

[16] HOSTIKKA S, KESKI-RAHKONEN O. Probabilistic simulation of fire scenarios[J]. Nuclear Engineering and Design,2003,224(3):301-311.

［17］XUE H,HO J C,CHENG Y M. Comparison of different combustion models in enclosure fire simulation［J］. Fire Safety Journal,2001,36(1):37-54.

［18］HORVATH C, GEIGER W. Directable,high-resolution simulation of fire on the GPU ［C］//SIGGRAPH '09:ACM SIGGRAPH 2009 papers. New Orleans,Louisiana. New York:ACM,2009:1-8.

［19］李萍,黄飞. 国外建筑物火灾建模研究［J］. 中国西部科技,2010,9(1):20-21.

［20］田宏,白锐. Smokeview:理解火灾动力学的可视化方法［J］. 消防技术与产品信息, 2008(11):75-78.

［21］WILLIAMS-BELL F M, KAPRALOS B, HOGUE A, et al. Using serious games and virtual simulation for training in the fire service:A review［J］. Fire Technology,2015,51 (3):553-584.

［22］JAHN W,REIN G,TORERO J. The effect of model parameters on the simulation of fire dynamics［J］. Fire Safety Science,2008,9:1341-1352.

［23］KULKARNI V, LILLEY D. FDS:application of the fire dynamics simulator code to a three-room structure with experimental fires and 60 smoke detectors［C］//49th AIAA Aerospace Sciences Meeting including the New Horizons Forum and Aerospace Exposition. Orlando,Florida. Reston,Virigina:AIAA,2011.

［24］SELLAMI I,MANESCAU B,CHETEHOUNA K,et al. BLEVE fireball modeling using Fire Dynamics Simulator (FDS) in an Algerian gas industry［J］. Journal of Loss Prevention in the Process Industries,2018,54:69-84.

［25］LOPES A M G,CRUZ M G,VIEGAS D X. FireStation—an integrated software system for the numerical simulation of fire spread on complex topography［J］. Environmental Modelling & Software,2002,17(3):269-285.

［26］BAUM H R,MCGRATTAN K B,REHM R G. Three dimensional simulations of fire plume dynamics［J］. Fire Safety Science,1996,5(139):511-522.

［27］FAROUK ABDEL GAWAD A. Prediction of smoke propagation in a big multi-story building using fire dynamics simulator (FDS)［J］. American Journal of Energy Engineering,2015,3(4):23.

［28］BENUCCI S , UGUCCIONI G . Fire hazard calculations for hydrocarbon pool fires-application of "Fire Dynamics Simulator-FDS"to the risk assessment of an Oil extraction platform［C］//4th International Conference on Safety & Environment in Process Industry. Italy:AIDIC Servizi S. r. l. ,2010.

［29］COHAN B D. Verification and validation of the soot deposition model in Fire Dynamics

Simulator[D]. College Park,MD,USA:University of Maryland,2010.

[30] KOTHA S,LILLEY D. FDS:application of the fire dynamics simulator code to two-room structural fires with smoke detectors [C]//47th AIAA Aerospace Sciences Meeting including The New Horizons Forum and Aerospace Exposition. Orlando, Florida. Reston,Virigina:AIAA,2009.

[31] SUN R Y,JENKINS M A,KRUEGER S K,et al. An evaluation of fire-plume properties simulated with the Fire Dynamics Simulator (FDS) and the Clark coupled wildfire model [J]. Canadian Journal of Forest Research,2006,36(11):2894-2908.

[32] MCGRATTAN K B,HOSTIKKA S,MCDERMOTT R J,et al. Fire dynamics simulator technical reference guide volume 1:mathematical model [Z]. Espoo:NIST special publication,2013.

[33] MCGRATTAN K B. Fire dynamics simulator (version 4):technical reference guide [Z]. Espoo:NIST special publication,2005.

[34] HOSTIKKA S,HOSTIKKA S,FLOYD J,et al. Fire dynamics simulation (version 5):user's guide[Z]. Espoo:NIST special publication,2007.

[35] MCGRATTAN K B,MCDERMOTT R J,WEINSCHENK C G,et al. Fire dynamics simulator user's guide,Sixth Edition[Z]. Espoo:Nist Special Publication,2013.

[36] MILLER F P,VANDOME A F,MCBREWSTER J. Fire protection engineering[M]. Saarbrücken:Alphascript Publishing,2002.

[37] BERGMAN T L,LAVINE A S,INCROPERA F P,et al. Fundamentals of heat and mass transfer[M]. 8th. Wiley,2018.

[38] CLEARY T,CHERNOVSKY A,GROSSHANDLER W,et al. Particulate entry lag in spot-type smoke detectors[J]. Fire Safety Science,2000,6:779-790.

[39] WATTS J M,HALL J R. Introduction to fire risk analysis[M]//HURLEY M J. SFPE Handbook of Fire Protection Engineering. 5th ed. New York:Springer,2016:2817-2826.

[40] NOLAN D P. Handbook of fire and explosion protection engineering principles[M].4th ed. Gulf Professional Publishing,2019.

[41] MCGRATTAN K B,MCDERMOTT R J,WEINSCHENKC G,et al. Fire dynamics simulator,technical reference guide[Z]. Espoo:NIST special publication,2013.

[42] 朱自强,李津,张正科,等. 计算流体力学中的网格生成方法及其应用[J]. 航空学报,1998,19(2):152-158.

[43] 任玉新,陈海昕. 计算流体力学基础[M]. 北京:清华大学出版社,2006.

［44］朱自强,吴子牛,李津,等. 应用计算流体力学［M］. 北京:北京航空航天大学出版
社,1998.

［45］黄典贵. 一个通用统一的流体力学计算软件及其考核［J］. 工程热物理学报,2012,
33(10):1699-1702.

［46］王福军. 计算流体动力学分析:CFD 软件原理与应用［M］. 北京:清华大学出版
社,2004.

［47］厉建祥,张卫华,陶彬. 大型原油储罐全表面火灾动力学模拟研究［C］//中国职业
安全健康协会 2011 年学术年会论文集. 柳州,2011:265-274.

［48］王开琪,黄晓家,谢水波. 火灾动力学模拟器［C］//全国建筑给水排水委员会水消
防分会第二届委员会成立大会暨第四次学术年会. 佛山,2005:303-333.

［49］褚冠全,孙金华. 基于火灾动力学和概率统计理论耦合的建筑火灾直接损失预估
［J］. 中国工程科学,2004,6(8):64-68.

［50］周杨. 基于大涡模拟法的室内火灾动力学模拟［D］. 汕头:汕头大学,2017.

［51］李娜. 基于 PyroSim 的汽车火灾预警仿真［D］. 长春:吉林大学,2018.

［52］FORNEY G P,MCGRATTAN K B. User's guide for Smokeview version 4-a tool for
visualizing fire dynamics simulation data［Z］. Espoo:Nist Special Publication,2004.

［53］SHEN T S,HUANG Y H,CHIEN S W. Using fire dynamic simulation (FDS) to
reconstruct an arson fire scene ［J］. Building and Environment,2008,43 (6):
1036-1045.

［54］EBRAHIM ZADEH S,BEJI T,MERCI B. Assessement of FDS 6 simulation results for a
large-scale ethanol pool fire［J］. Combustion Science and Technology,2016,188(4/5):
571-580.

［55］NOVOZHILOV V. Validation of fire dynamics simulator (FDS) for forced and natural
convection flows［D］. Belfast:University of Ulster,2006.

［56］MIN S H,YOON J E. A study on the modeling of vertical spread fire of exterior panel by
fire dynamic simulation (FDS)［J］. Journal of the Korea Safety Management & Science,
2009,11(2):77-85.

［57］徐文强,刘芳,董龙洋,等. 基于 FDS 的地下停车场火灾数值模拟分析［J］. 安全与
环境工程,2012,19(1):73-76.

［58］DIMYADI J,SPEARPOINT M,AMOR R. Sharing building information using the IFC
data model for FDS fire simulation［J］. Fire Safety Science,2008,9:1329-1340.

［59］祝实,霍然,胡隆华,等. 网格划分及开口处计算区域延展对 FDS 模拟结果的影响
［J］. 安全与环境学报,2008,8(4):131-135.

［60］廖高辉. 基于 FDS 的铁路旅客列车火灾模拟［D］. 成都:西华大学,2013.

［61］张宇金. FDS 火灾模拟软件概述［J］. 消防界(电子版),2017(3):104.

［62］任鸿翔,金一丞,尹勇. 船舶火灾模拟训练系统研究［J］. 武汉理工大学学报(交通科学与工程版),2010,34(1):19-22.

［63］辛喆,王顺喜,云峰,等. 基于火灾模拟软件(FDS)的草原火灾蔓延规律数值分析［J］. 农业工程学报,2013,29(11):156-163.

［64］张树平. 建筑防火设计［M］. 北京:中国建筑工业出版社,2001.

［65］蒋永琨. 高层建筑防火设计手册［M］. 北京:中国建筑工业出版社,2000.

［66］关大巍,严晓光. 建筑设计防火图集与应用［M］. 北京:化学工业出版社,2016.

［67］刘国强,张宏亮. 我国现行建筑防火设计规范的局限性与性能化设计的应用［J］. 山西师范大学学报(自然科学版),2010(S1):143-145.

［68］朱杭. 高层建筑钢结构性能化防火设计方法与应用［D］. 上海:上海交通大学,2011.

［69］夏靖华. 建筑防火设计与应用［M］. 北京:海洋出版社,1991.

［70］杜霞,张欣,刘庭全,等. 国外区域火灾风险评估技术及应用现状［J］. 消防科学与技术,2004,23(2):137-139.

［71］KERBER S,MILKE J A. Using FDS to simulate smoke layer interface height in a simple atrium［J］. Fire Technology,2007,43(1):45-75.

［72］CHEONG M K, SPEARPOINT M J, FLEISCHMANN C M. Calibrating an FDS simulation of goods-vehicle fire growth in a tunnel using the runehamar experiment［J］. Journal of Fire Protection Engineering,2009,19(3):177-196.

［73］SWEET R A. Direct methods for the solution of Poisson's equation on a staggered grid［J］. Journal of Computational Physics,1973,12(3):422-428.

［74］POPE S. The determination of turbulence-model statistics from the velocity-acceleration correlation［J］. Journal of Fluid Mechanics,2014,757:R1.

［75］POPE S B. Self-conditioned fields for large-eddy simulations of turbulent flows［J］. Journal of Fluid Mechanics,2010,652:139-169.

［76］RINNE T, HIETANIEMI J, HOSTIKKA S. Experimental validation of the FDS simulations of smoke and toxic gas concentrations［Z］. VTT Technical Research Centre of Finland,2007.